ENQUÊTE SUR

ELON MUSK

L'HOMME QUI DÉFIE LA SCIENCE

ALISIO
L'éditeur des voix qui inspirent
Suivez notre actualité sur **www.alisio.fr**
et sur les réseaux sociaux LinkedIn, Instagram,
Facebook et Twitter !

Alisio s'engage pour une fabrication écoresponsable !
Notre mission : vous inspirer. Et comment le faire sans participer à la construction du meilleur des futurs possible ? C'est pourquoi nos ouvrages sont imprimés sur du papier issu de forêts gérées durablement.

Conseil éditorial : Antoine Beauchamp
Suivi éditorial : Olivia Germande
Relecture-correction : Audrey Peuportier
Maquette : Patrick Leleux PAO
Design de couverture : François Lamidon
Photo de couverture : © Art Streiber / August Image

une marque des éditions Leduc
10, place des Cinq-Martyrs-du-Lycée-Buffon
75015 Paris — France
ISBN : 978-2-37935-280-5

OLIVIER LASCAR

ENQUÊTE SUR
ELON MUSK
L'HOMME QUI DÉFIE LA SCIENCE

ALISIO
SCIENCES

Pour Élisabeth, Louise, Gabrielle et Maximilien

« J'essaie tout, je réalise ce que je peux. »
Herman Melville, *Moby Dick,* chapitre 79, « La prairie »

SOMMAIRE

INTERLUDE
Transports en commun

Épisode III
L'interface cerveau-machine

Épisode IV
Bitcoin et cryptomonnaies

AVANT-PROPOS
ELON MUSK ET LA SCIENCE

Deux films, deux ambiances

En 2010, dans une scène *d'Iron Man 2,* Tony Stark fanfaronne dans la salle d'un restaurant hyper-chic de Monaco. Sur la scène des super-héros, il est le justicier à l'armure robotisée jaune et rouge. Dans l'enceinte de ce 5 étoiles, le playboy, milliardaire et inventeur, accroche tous les regards. Sur la moquette du palace, il ne glisse pas, il flotte. La moustache est frétillante et rien ne paraît pouvoir arrêter ce demi-dieu. Quand soudain, un colosse au visage poupin se lève d'une table voisine : les deux s'étreignent. Stark a trouvé son égal : *« Elon ! »*

Oui, c'est bien Elon Musk, le vrai, qui fait une apparition dans le film de Jon Favreau. Une consécration médiatique, ambiance champagne et paillettes, pour l'entrepreneur d'origine sud-africaine, naturalisé américain en 2002, et qui fait la une de tous les magazines de tech et de business du monde entier. Partout, on loue l'audace de l'entrepreneur, qui révolutionne l'industrie du spatial avec SpaceX et celle de l'automobile avec Tesla. Des voitures semi-autonomes, c'est un poil en dessous de l'armure d'Iron Man. Il n'empêche, Musk est un geek dans l'âme et il avoue volontiers avoir en tête le personnage de Marvel quand il toise son empire industriel. Et voilà qu'il le croise au cinéma, sous les traits de son interprète iconique Robert Downey Jr. !

Plus d'une décennie plus tard, la fête est ternie. Elon Musk continue d'influencer les cinéastes, mais la petite musique déraille. Sa toute puissance industrielle, technologique et financière inquiète désormais. Sorti sur Netflix en décembre 2021, *Don't Look Up* d'Adam McKay est une métaphore grinçante de la façon dont nous jouons les autruches face au problème du dérèglement climatique. Par un jeu de miroirs déformants, ce n'est pas du climat dont il est question, mais d'une comète fonçant à tombeau ouvert vers la Terre. Les astrophysiciens du film (interprétés par Leonardo DiCaprio et Jennifer Lawrence) préviennent, alertent, s'égosillent. Rien n'y fait. Médias et politiques prennent le problème par-dessous la jambe. Jusqu'au moment où la menace, dans le ciel, devient tangible. La comète est visible ! Alors la NASA monte une mission qui doit disperser, façon puzzle aurait dit Audiard, le monstre minéral. L'humanité peut être sauvée... Sauf qu'intervient l'entrepreneur tout puissant Peter Isherwell (interprété par Mark Rylance). Ce gourou de la tech affecte un look éthéré et s'adresse à ses fans selon une mise en scène qui reprend les codes des « keynotes[1] » de Steve Jobs. Mais plutôt qu'à feu le patron d'Apple, ce personnage de méchant rappelle furieusement Elon Musk. Peter Isherwell dirige en effet une société spatiale privée pour laquelle la comète est une aubaine (elle regorge de minéraux rares nécessaires aux batteries électriques). L'affreux fait annuler *in extremis* le programme de la NASA et monte sa propre mission spatiale. Bourrée de technologies, elle fonctionne selon un programme *made in* Isherwell qui consiste à extirper la substantifique moelle de la comète avant de la disséminer en une myriade de petits cailloux inoffensifs. Formidable. *« Mais où sont les publications scientifiques ? »*, lui demande l'astrophysicien Randall Mindy (DiCaprio).

Les « publis », ces articles rédigés par les chercheurs d'après des dispositifs méthodiques et rigoureux, sont revus par leurs pairs, soient d'autres scientifiques qui, par leurs relectures, valident ou non la qualité du travail effectué. Ces productions diffusent la recherche et constituent le pouls palpitant de la pensée académique : un

1. Le terme désigne ces présentations à l'usage du public, de la presse et des financiers en forme de point d'étape des activités d'une marque. C'est aussi l'occasion de dévoiler de nouveaux produits. Le dispositif a été ritualisé par Apple qui a initié l'usage du terme de « keynote » pour le désigner. C'est par ailleurs le nom du logiciel de la marque pour concevoir des présentations, son PowerPoint en quelque sorte.

principe sans doute perfectible[2], mais aussi vital... Enfin, ça, c'était bon pour l'ancien monde. Car l'ersatz de Musk ne donne pas dans ce genre-là. Et DiCaprio en prend pour son grade, dans le genre : *« C'est bon, moi j'ai tout compris, vous, vous êtes des dinosaures. »*

« C'est assez bien senti », relève l'astrophysicien Franck Selsis, directeur de recherche au laboratoire d'astrophysique de Bordeaux (CNRS). La scène pointe l'une des principales caractéristiques de la méthode Musk. Celle d'en malmener une autre, la méthode scientifique. L'homme de SpaceX, de Tesla ou de Neuralink, comme son avatar de *Don't Look Up* *« récupère, grâce à ses moyens considérables, les meilleurs chercheurs dans leurs domaines, mais sans faire aucune publication avec du* "peer reviewing[3]". *Donc personne ne sait exactement ce qu'il fait et on lui fait une espèce de conscience aveugle »*, reprend Selsis. Dans le film, ça tourne en eau de boudin. Et dans le réel, que donnera le futur façonné par Elon Musk ?

Ce livre n'est pas une biographie...

... mais justement une tentative de creuser le rapport aux sciences qu'entretient ce zébulon médiatique. Il s'agira de décrypter les réalisations concrètes de l'entrepreneur dans les domaines du spatial, des transports, de la médecine et même de la finance — après tout, il fait désormais la pluie et le beau temps dans la cryptomonnaie[4]. Cet entrepreneur tous azimuts investit dans tous les champs de la science du XXIe siècle : il prend position sur l'intelligence artificielle, veut révolutionner les neurosciences en connectant des ordinateurs à nos cerveaux, et joue les influenceurs pour le développement des monnaies virtuelles. Sans oublier son dernier coup d'éclat, le rachat de Twitter en avril 2022 !

---

2. Les chercheurs sont pris dans une course à la publication. Leurs citations dans les meilleures revues scientifiques, de type *Science*, *Nature* ou *The Lancet*, confèrent la visibilité sans laquelle leur carrière ne peut évoluer. Mais l'excès de pression en la matière est critiqué par la communauté des chercheurs qui l'a synthétisé dans la formule « *publish or perish* » (« publier ou périr »).
3. Soit l'examen par les pairs, qui caractérise les publications dans les revues à comité de lecture.
4. Le mot désigne ces monnaies virtuelles qui échappent au contrôle d'une banque centrale.

Mais y a-t-il une pensée scientifique organisée dans ce grand chamboule-tout de l'innovation contemporaine ? Quels sont les grands principes techniques, biologiques, informatiques qu'Elon Musk entend pousser dans leurs derniers retranchements ? Dans ce qu'il a accompli, qu'est-ce qui est réellement novateur, voire « révolutionnaire », ce qualificatif dont ses fans et les médias le gratifient volontiers ? Quelle est la part de bluff ? Et quelles sont les problématiques sur lesquelles il fait l'impasse, parce qu'elles seraient autant de freins à ses visions futuristes ?

Elon Musk crée des tensions, parce qu'il vient bousculer la pratique des scientifiques, installée dans la durée. Voyez le cas de Starlink : l'entrepreneur emploie sa société spatiale SpaceX pour installer en orbite basse de la Terre une myriade de satellites. Ces derniers doivent constituer une mégaconstellation pour arroser la planète d'un Internet mondial. La démarche est présentée comme philantropique : chaque personne sur le globe a le droit d'avoir accès à la Toile. Mais elle est aussi, et surtout, au cœur même du business économique de Musk, qui attend des abonnements payants à Starlink les revenus qui seront nécessaires au financement de ses activités industrielles.

Problème, ces satellites sont autant de gênes à l'observation des cieux par les astrophysiciens. Avec les points lumineux formés dans le ciel nocturne par les microsatellites, Starlink en met plein la vue aux télescopes. *« Nous avons été mis devant le fait accompli, et avons réalisé ce à quoi il fallait faire face sans qu'il n'y ait eu un débat préalable. C'est-à-dire que, quand on a commencé à entendre parler de Starlink, eh bien c'était presque déjà fini »*, commente, amer, Franck Selsis ; *« C'est lorsque se sont mis à vibrer tous les téléphones du monde, parce que les collègues étaient paniqués en voyant passer un train de lumière, la nuit dans le ciel, que la question a commencé à être discutée »*, continue-t-il.

Musk fait aussi entrer en turbulence la manière de penser et de faire des industriels installés depuis des décennies dans les secteurs où se développent SpaceX et Tesla. *« Les fusées qui se reposent au sol ? ça ne marchera jamais ! » « Des voitures électriques pour remplacer celles à essence ? De la science-fiction ! »* Voilà des paradigmes qu'il vient fracasser. Le tout avec une vista et une énergie faisant le délice de tous les journaux et sites web du monde, qui louent et célèbrent son succès entrepreneurial et sa vision du futur. Il a ainsi été célébré par le magazine *Time* comme étant la « *Person of the Year* » de 2021, un verdict grandement scruté et commenté.

En tant que journaliste, j'ai pu assister depuis plusieurs années à l'émergence du phénomène Musk. Forte est la tentation de ne pas le prendre au sérieux. Ses déclarations à l'emporte-pièce et ses coups d'éclat médiatiques permanents agacent. Quand il fume un pétard en enregistrant un podcast, filmé et diffusé en direct sur le web[5], il évoque davantage Gainsbourg qu'Einstein. Son utilisation frénétique de Twitter, où il s'abîme en grotesques rodomontades (comme lorsqu'il défie Poutine « en combat singulier » avec pour « enjeu l'Ukraine » [6]) rappellent Trump. L'un de mes interlocuteurs, ancien membre de la Direction générale de l'armement, se rappelle la façon dont les idées de l'Américain étaient jadis accueillies par des haussements d'épaules : « *Les experts disaient que les fusées ne pouvaient pas être réutilisées, que c'était techniquement impossible. Quand Musk a montré qu'il savait le faire, les mêmes ont prétendu que ce n'était pas économiquement viable. On voit désormais ce qu'il en est...* » Cette personnalité change réellement le monde. Il a imposé ce que l'on peut désormais appeler le « temps de Musk » : « *Ce qu'il dit, il le fait. Mais il ne le fait jamais dans les délais qu'il annonce* », résume Christophe Bonnal, spécialiste des lanceurs au Centre national d'études spatiales (CNES), l'Agence spatiale française.

Ils déchantent ceux qui prenaient Elon Musk pour un zozo quand, au début du millénaire, il annonçait sa volonté d'investir dans le spatial. En 2022, l'année des 20 ans de SpaceX, sa société s'est imposée comme le partenaire phare de la NASA, l'Agence spatiale américaine, et du département de la Défense des États-Unis (la « DOD »). La société de Musk a fait la razzia sur leurs satellites. Elle peut se targuer d'avoir près des trois quarts des lancements institutionnels américains

5. Podcast de l'Américain Joe Rogan. Son émission avec Musk est à regarder ici : https://bit.ly/38TnLa6. Début 2022, il a été beaucoup question de Joe Rogan lorsque Neil Young a décidé de quitter la plateforme de musique Spotify parce qu'il ne voulait pas « cohabiter » avec des anti-vax, comme ceux à qui cet animateur a régulièrement donné la parole pendant l'épidémie de Covid-19.
6. Le lien du tweet : https://bit.ly/3ycDImt

dans son carnet de commandes. D'où la critique récurrente : soi-disant champion de l'entrepreneuriat, Musk ne serait rien sans l'argent public. Les États-Unis subventionnent SpaceX ! Nombreux aussi sont ceux qui considèrent que cette société est devenue le premier partenaire de l'administration américaine pour mettre en œuvre sa stratégie de domination dans l'espace.

Aujourd'hui, SpaceX prospère sur un business model totalement vertical. La compagnie fabrique le lanceur, le satellite et le service. Une situation qui lui profite, puisque c'est justement le service qui rapporte le plus d'argent. Elon Musk attend des revenus, de l'ordre de 25 milliards par an, des services haut débit de la constellation Starlink. Un revenu au cœur de son modèle économique… C'est la raison pour laquelle il avance à marche forcée pour rendre cette mégaconstellation pleinement opérationnelle.

De l'Europe, on regarde Musk avec stupeur. Et sans doute aussi avec envie. La « verticalisation » n'est pas pratiquée chez nous. Ainsi, la société ArianeGroup qui développe le lanceur *Ariane 6* ne fabrique toutefois pas de satellites. Cette mission est dévolue au franco-allemand Airbus Defense and Space (ADS) et au franco-italien Thalès Alenia Space (TAS), les deux satellitiers européens. Quant à l'exploitation des données générées, elle est encore réalisée par d'autres entreprises — par exemple Eutelsat, opérateur français de satellites géostationnaires. Ces frontières industrielles, qui sont la règle en Europe, s'accompagnent d'une faible solidarité entre pays de l'Union sur la question spatiale : ainsi, l'Allemagne a par exemple envoyé certains de ses satellites militaires dans l'espace avec SpaceX plutôt qu'avec *Ariane*.

D'autres tensions apparaissent également entre les visions futuristes de Musk et les contraintes incontournables du réel. En effet, les ressources de notre Terre ne sont pas inépuisables (si le monde devient électrique, comment fabriquer les batteries nécessaires à tous ?) et les lois de la physique ne peuvent être violées (on ne pourra jamais respirer sur Mars). La vision d'une certaine planète rouge colonisée a particulièrement fait sourire au début, puis toussoter et désormais hurler nombre de spécialistes. Ils pointent du doigt les nombreuses raisons tangibles qui font que, même s'il est envisageable d'explorer Mars, il paraît toutefois impossible de pouvoir y vivre.

Pourtant, sans rêve de cette ampleur, seul Tintin aurait marché sur la Lune. Le public l'a bien compris et adhère au storytelling d'Elon Musk. « *Je le compare à un roman picaresque*, s'enthousiasme Christophe Bonnal. *Chaque jour, vous tournez une page, chaque jour vous découvrez quelque chose de différent. On le suit avec autant d'intérêt sans savoir quel va être le prochain coup.* » Sur la question martienne, Musk affirme d'ailleurs sans ambages que l'installation de l'humanité sur la planète rouge ne serait pas une conséquence d'un succès de SpaceX, mais bien sa raison d'être, celle pour laquelle il a fondé cette compagnie. « *Il est souvent présenté comme un transhumaniste*, commente Alban Guyomarc'h, coordinateur du "livre blanc" *Objectif Lune*[7] et spécialiste du droit spatial. *Je pense qu'il est davantage l'héritier du cosmisme russe.* »

Le transhumanisme, c'est cette idée de transformer l'espèce humaine par la technologie. Et c'est bien ce que veut Musk avec sa société Neuralink : elle entend développer un implant cérébral qui nous permettrait de contrôler les ordinateurs par la pensée. Quant au cosmisme, ce courant de pensée est synthétisé par la phrase prêtée au scientifique Constantin Tsiolkovski (1857-1935), considéré comme le père de l'aéronautique spatiale soviétique et russe, selon laquelle « *la Terre est le berceau de l'humanité, mais on ne passe pas sa vie entière dans un berceau* ». Autrement dit, l'être humain est destiné à quitter sa planète parce sa volonté et son pouvoir technologique se réaliseraient dans une destinée spatiale ; réciproquement, l'espace a une influence sur l'homme.

C'est d'ailleurs l'un des aspects déterminants du pouvoir de séduction d'Elon Musk : il paraît sincère. L'aventure martienne ? Il y croit. Et cela lui confère un avantage important sur les anciens industriels du spatial. Persuadés de leur position et

---

7. Ce « livre blanc » a été produit dans le cadre d'un travail de l'Association nationale de la recherche et de la technologie (ANRT), un consortium regroupant la majeure partie de la recherche et du développement français.

ne se questionnant plus tellement sur le sens de leur action, ces historiques finissent par concevoir des lanceurs comme on fabriquerait des cravates ou des tablettes de chocolat. Le trublion, lui, déboule avec une vision et une certaine idée de l'espace… Et finit par les ringardiser. *« J'ai presque envie de dire qu'il est tout autant intéressé par cette philosophie-là que par son business plan »*, sourit Guyomarc'h. Ce côté « franc du collier » lui donne aussi un autre avantage sur les acteurs du New Space, cette nouvelle industrie spatiale dans laquelle les acteurs privés ont pris un rôle considérable, dont évidemment son meilleur ennemi Jeff Bezos.

Le message passe d'autant mieux que l'entrepreneur — qui a passé le cap des 50 ans en 2021 — s'adresse directement à sa génération en jonglant constamment avec les références geek entre ciné, BD, jeux vidéo et SF. Ainsi, quand il teste sa capsule *Dragon*, premier taxi américain pour la Station spatiale internationale depuis presque une décennie[8], c'est avec à son bord un mannequin nommé Ripley. Oui, du nom du personnage incarné par Sigourney Weaver dans *Alien*. Sur les images de sa voiture Tesla envoyée dans l'espace — un buzz médiatique considérable — le clin d'œil au livre culte de Douglas Adams, *Le Guide du voyageur galactique*, a fait les délices des amateurs : l'inscription « DON'T PANIC », affichée sur le tableau de bord, y faisant directement référence.

Et puis il y a les barges de récupération sur lesquelles viennent se reposer ses fusées réutilisables, en plein océan. Elles se nomment « Of Course I Still Love You » et « Just Read The Instructions », deux

---

8. Après la destruction de *Columbia* en 2003, le président américain George W. Bush a décidé l'année suivante de la mise à la retraite de la navette spatiale. L'arrêt des vols est devenu effectif en 2011 à l'issue de la construction de la Station spatiale internationale, pour les besoins de laquelle la navette était nécessaire en raison de sa capacité de transporter de lourdes charges. Depuis cette date, seul le *Soyouz* russe permettait de transporter des astronautes dans l'espace. Une situation de monopole à laquelle SpaceX a mis fin avec sa capsule *Dragon*.

emprunts aux livres de l'auteur écossais Iain M. Banks[9] dans lesquels ces expressions ne sont autres que les noms de deux vaisseaux spatiaux. *« Banks, c'est le créateur du* Cycle de la Culture, *une incarnation de la virtuosité littéraire »*, commente Irène Langlet, professeure de littérature contemporaine à l'Université Gustave Eiffel. Extrêmement respecté, Banks n'a jamais été adapté au cinéma. Résultat, il est quasi inconnu du grand public. Pourtant, Musk n'hésite pas à s'emparer de cette référence. *« Dans la culture de la SF — comme dans toutes les cultures — il y a des références qu'on lâche pour dire "Moi j'en sais plus" et pour tester un peu aussi son entourage, pour voir un peu qui sont les vrais connaisseurs. Iain M. Banks est de ces références qui identifient non seulement la culture de la SF, mais une certaine culture classique et savante de la SF dans laquelle Musk veut s'inscrire. »*

Cette passion pour la littérature de l'imaginaire lui vient de l'enfance. Né en 1971 dans une famille riche de Pretoria, en Afrique du Sud, le jeune Elon est introverti et trouve son évasion dans la lecture de comics, de SF ou de fantasy. Marqué par le divorce de ses parents, les relations avec son père deviennent conflictuelles, voire quasi traumatiques. Heureusement, il y a la figure du grand-père, le Canadien Joshua Norman Haldeman, médecin, politicien, véritable touche-à-tout, qui s'est installé en Afrique du Sud sur un simple coup de tête. C'est une personnalité fantasque et aventureuse : il pilote un avion monomoteur et réalise avec son épouse Wyn des traversées aériennes audacieuses (48 000 km pour un aller-retour entre Afrique du Sud et Australie). Musk considère que sa grande tolérance au risque vient de cette ascendance, relève son biographe

---

9. Iain M. Banks (1954-2013) est le *« pseudonyme à la fois le plus concis et le plus transparent que j'aie jamais rencontré »* selon la formule du spécialiste de la SF Gérard Klein, dans sa préface à *L'Homme des jeux* de Banks (paru aux éditions Robert Laffont en 1992 et désormais disponible au Livre de poche. Dans la traduction d'Hélène Collon, les deux vaisseaux s'appellent « Mais oui je t'aime » et « Veuillez consulter la notice »). Iain Banks, qui signait de ce nom ses livres de littérature générale, avait en effet ajouté ce « M. », première lettre du nom de sa mère, pour ses œuvres de SF. Le renouveau qu'il a apporté au récit spatial a fait de lui l'un des maîtres de ce que les spécialistes ont appelé le… New Space opera. De ce genre fictionnel au New Space industriel, Elon Musk a fait le raccourci.

Ashlee Vance dans *Elon Musk. Tesla, PayPal, SpaceX : l'entrepreneur qui va changer le monde*[10].

L'autre passion contractée dès son plus jeune âge est celle pour l'informatique. Elon décide très tôt de partir pour les États-Unis, cet eldorado de l'innovation et du high-tech. Une démarche facilitée par les ascendances canadiennes de sa mère. En 2002, il devient citoyen américain. Son frère Kimbal le rejoint rapidement en Californie ; le binôme se lance alors dans la tech. La première start-up, c'est Zip2, un mélange de Google Maps (qui n'existe pas encore) et des pages jaunes. Autrement dit, un service web indiquant à l'utilisateur quelle est la pizzeria, le pressing, ou le cinéma le plus proche de chez lui.

Ce sont les temps homériques du web où les frères Musk sont toujours entre deux bidouilles pour avoir les fonds (et la connexion) nécessaires à leur travail. Déjà les premières mises en scène marketing pointent le bout de leur nez : pour gonfler l'importance du service web offert par Zip2, Elon lui donne l'aspect physique massif d'une puissante machine en construisant un énorme boîtier, ensuite posé sur un ordinateur quelconque, le tout placé sur un socle à roulettes.

Zip2 est rachetée par la société d'ordinateurs Compaq ; Musk y gagne 22 millions de dollars. Il replace presque tout dans son projet suivant, X.com, une initiative de banque sur Internet. C'est très innovant pour l'époque, mais l'idée était dans l'air du temps : au même moment, des concurrents créent la société Confinity. Finalement, les deux services fusionnent pour donner le fameux PayPal. Quand cette société est vendue à eBay, c'est le jackpot pour Musk. Il empoche 250 millions de dollars dans l'opération *« soit 180 millions après impôt »* précise Ashlee Vance. Mais la retraite anticipée ne l'intéresse pas ; il investit ses fonds dans les nouveaux projets qui vont construire sa légende. Voici venu le temps de SpaceX, de Tesla et de Neuralink.

---

10. *Elon Musk. Telsa, Paypal, SpaceX : l'entrepreneur qui va changer le monde*, Ashlee Vance, éditions Eyrolles, 2017.

ÉPISODE I

LA CONQUÊTE SPATIALE

FUSÉES RÉUTILISABLES
NE PAS JETER APRÈS EMPLOI !

La naissance du New Space

« Un roi sans divertissement est un homme plein de misère. » Le diagnostic n'est pas nouveau, il a été posé par Blaise Pascal au XVIIe siècle dans ses célèbres *Pensées.* Fortune faite avec la vente de sa firme de paiement PayPal, qu'est-ce qu'Elon Musk pouvait faire de ses millions ? Se tourner les pouces sous un cocotier en sirotant quelques mojitos ? Pas le genre de la maison. Lui veut retrouver un engouement, une excitation, et avoir l'impression d'œuvrer pour quelque chose qui restera dans le temps. Peut-être même pour le bien de l'humanité ?

2002 est une année charnière dans l'histoire de l'entrepreneur. Celle où il acquiert la nationalité américaine. Mais surtout le moment où le millionnaire, tout juste trentenaire, tranche ce dilemme en créant SpaceX. Voilà de quoi frissonner à nouveau sous la fièvre spatiale, celle éprouvée en ses jeunes années à la lecture des récits de SF. De son nom complet Space Exploration Technologies Corporation, l'entreprise spatiale est créée le 6 mai 2002 ; Elon Musk y a trouvé de quoi investir l'argent récupéré de la vente de PayPal au site de commerce en ligne eBay — ces 180 millions de dollars correspondent à environ 164 millions d'euros.

Aujourd'hui SpaceX a 20 ans. Le bel âge, et l'occasion de regarder dans le rétroviseur. L'heure de tirer un premier bilan. Avec ses lanceurs *Falcon 1*, *Falcon 9* et *Falcon Heavy* (il y a eu un projet de *Falcon 5* qui ne s'est pas concrétisé), le succès de SpaceX est patent, et son omniprésence insolente dans le domaine spatial agace. Ainsi, il suffit d'en discuter un peu ou de surfer sur le web pour que réémergent divers commentaires acides, revenant comme des leitmotivs. Le succès de la société privée serait par exemple à relativiser, en raison de la subvention cachée apportée par le gouvernement américain.

C'est vrai, la société de Musk ne serait rien sans l'argent public. Les lancements institutionnels américains sont majoritaires dans son carnet de commandes. La facture est conséquente : près de 16 milliards de dollars tous les ans de revenus générés par le ministère de la Défense (DOD) ou la NASA. Environ 60 % de l'argent gagné par SpaceX.

L'aide des États-Unis s'incarne en une circonstance bien particulière, survenue en 2006. Elle implique le constructeur Boeing et Lockheed Martin, entreprises spécialisées dans les questions de défense et de sécurité. Deux incontournables de l'aéronautique et de l'aérospatial, fabricants des fusées Delta et Atlas, principaux lanceurs américains pouvant envoyer dans l'espace sondes et satellites. Quand Boeing et Lockheed décident de s'unir au sein de United Launch Alliance, les voilà constituant un monopole de fait. Le rapprochement fait tiquer l'administrateur de la NASA de l'époque : Michael Griffin décide de rouvrir le jeu ; il fait entrer SpaceX dans la danse en lui accordant, le 18 août 2006, un juteux contrat pour ravitailler la Station spatiale internationale (ISS).

Depuis, la NASA et SpaceX marchent main dans la main. L'entreprise de Musk paraît même être devenue le premier partenaire de l'administration américaine dans sa stratégie de domination de l'espace. Et ce, quitte à ce que l'État subventionne SpaceX en douce ? Certains grincent en effet en pointant que les prix accordés à Musk paraissent très surévalués. La DOD et la NASA paieraient les lancements de SpaceX… deux fois leur prix réel.

« *L'argument est largement à relativiser,* affirme Christophe Bonnal. *C'est regarder la paille dans l'œil du voisin et pas la poutre dans le sien : je ne connais aucun lanceur aujourd'hui qui ne soit pas dans ce type de situation.* » L'Européen *Ariane* a d'ailleurs bénéficié de ce type d'aide *via* le programme d'assistance aux lancements EGAS. Bien malin par ailleurs celui qui pourra dire précisément ce que coûte un lancement : il n'y a pas de réalité dans les prix, qui demeurent largement secrets. Même ceux d'*Ariane* sont jalousement gardés par Arianespace. Il faut donc s'appuyer sur des ordres de grandeurs, possiblement faux...

Dans ce clair-obscur de la facturation, certaines sommes sont néanmoins officielles. C'est par exemple le cas des coûts de missions gouvernementales américaines qui, puisque institutionnelles, sont rendues publiques. Il en ressort bien que les missions de *Falcon 9* pour l'État tournent autour de 95 ou de 100 millions de dollars (par exemple celle du lancement GPS). Il est donc vrai que les missions gouvernementales sont facturées plus cher.

À une précision près : il suffit de surfer sur le site de SpaceX pour constater que la mission *Falcon 9* est en fait facturée autour des 60 millions de dollars... avec la précision « plus options ». Il pourrait par exemple s'agir d'un adaptateur de charge utile plus développé que le dispositif basique, d'un cycle d'intégration plus compliqué, davantage de vérifications... Bref, tout comme dans l'achat d'une voiture, ces « petits plus » sont de nature à faire grimper la facture. *« Dans le cas des missions gouvernementales, c'est souvent ce qui se passe, et cela mène à des coûts de mission beaucoup plus élevés »*, reprend Bonnal.

L'argent public est donc un angle d'attaque qui permet d'aborder la question du New Space, ainsi qu'est désormais désigné l'émergence, en ce début de siècle, d'une industrie spatiale privée ; SpaceX en est évidemment le parangon, mais bien d'autres sociétés se développent sur ce nouveau marché, dont au premier chef le Blue Origin de Jeff Bezos, fondateur d'Amazon et meilleur ennemi de Musk. *« Le New Space ne fait pas disparaître l'État, toujours bien présent et pas prêt de s'en aller »*, commente le coordinateur du « livre blanc » *Objectif Lune*, Alban Guyomarc'h.

L'investissement étatique est financier, mais pas seulement. *« Il ne faut pas oublier que le spatial continue de mettre à contribution des infrastructures de l'État,* reprend le normalien. *Je ne vise pas seulement les sites de lancements et leurs gigantesques pas de tir. Mais aussi les organismes de recherche, également impliqués dans les développements spatiaux, notamment dans des pays comme la France avec un financement public important.* » Si l'État est toujours bel et bien présent, c'est aussi pour des questions juridiques : il est responsable, internationalement, de tous les objets qu'il a autorisé à lancer, qu'ils l'aient été par des acteurs publics ou privés.

En revanche, avec le New Space, la position des partenaires privés s'est métamorphosée. Déjà dans les années 1960, quand les Américains se lançaient dans le programme *Apollo*, c'était avec l'implication de sociétés privées. Mais pas avec la même demande. « *Désormais, SpaceX et consort sont des entreprises qui disposent de la maîtrise d'œuvre,* reprend Guyomarc'h. *L'agence spatiale peut leur passer un contrat global. Il ne s'agit plus de faire fabriquer tel boulon de telle partie du lanceur, mais de commander quasiment la totalité d'un programme à un sous-traitant.* »

Le privé, qui dans le passé était un simple exécutant, devient avec le New Space force de propositions et d'innovations. « *Il y a un déplacement de la maîtrise d'œuvre* », reprend Guyomarc'h, avec en parallèle une migration du risque. Désormais, le partenaire privé en supporte une grande partie. Regardez le développement des derniers *Falcon* : Elon Musk a financé ses derniers échecs sur ses fonds personnels. La première fortune mondiale a les reins suffisamment solides pour ça. L'émergence du New Space marque aussi une libéralisation du marché spatial. Avec la montée en puissance de puissances privées spatiales incontournables, dont SpaceX est l'archétype, la patrimonialisation privée de l'espace est enclenchée. Au détriment de l'État qui, ayant perdu le monopole, continue tout de même d'être impliqué et de participer à certains projets.

La révolution des fusées réutilisables

Évidemment, on s'habitue à tout. Mais ces images-là ont quelque chose de magique. Le genre qui fait écarquiller les yeux... 6 février 2018, deux immenses cigares filent à toute blinde vers la surface de la Terre. Nous sommes habitués à voir des fusées décoller du sol ; là c'est le contraire, elles y reviennent. Les engins déboulent de l'espace, tout fumants de leur traversée de l'atmosphère qui les a portés à haute température. Soudain, leur base s'embrase.

Des flammes en surgissent, elles ralentissent les deux bolides. Quelques instants avant de toucher le plancher des vaches, des trépieds se déploient, semblables aux baleines d'un parapluie ayant perdu sa toile. Désormais pourvus de pattes, les deux immenses cylindres se posent en douceur. Droits comme des I, les voilà à terre. Atterrissages parfaits, et simultanés, pour les deux boosters de la *Falcon Heavy* de SpaceX.

Ce sont les propulseurs d'appoint du lanceur super lourd de SpaceX, semblables à son premier étage[1]. Si Musk les fait revenir sur Terre, ce n'est pas pour la beauté de la mise en scène — même s'il joue à fond la carte de la médiatisation de ces vols si cinématographiques qui sont diffusés en direct sur le web. Le but du jeu est évidemment de les faire repartir pour un tour. *A contrario*, quand une fusée est détruite à l'issu du lancement, une fois sa mission remplie, il faut en construire une nouvelle, toute neuve, pour le prochain tir. Autrement dit, recommencer à zéro et utiliser des millions de dollars pour rebâtir l'engin qui sont autant d'économisés quand on réutilise la fusée pour le lancement d'après.

Le lanceur réutilisable, c'est le principe novateur qui accompagne le développement de SpaceX. Le coup de génie de Musk. Le genre d'idée qui, avec le recul, paraît évident : après tout, quand on part de Paris pour traverser l'Atlantique en avion, on ne jette pas l'appareil arrivé à New York. Une fulgurance… néanmoins à relativiser. Car le réutilisable était déjà dans les tiroirs de quelques agences spatiales.

Le passé en donne aussi différentes illustrations. Bien sûr, la défunte navette spatiale américaine, à la retraite depuis 2011, était elle-même réutilisable. Un exemple plus anecdotique : en visitant, entre deux confinements, le musée de l'Air et de l'Espace du Bourget, près de Paris, j'avais ainsi été très surpris d'y découvrir le prototype d'un avion à décollage vertical dont l'allure évoque furieusement

---

1. Le premier étage de la fusée est essentiellement rempli des ergols qu'il brûle pour provoquer la poussée permettant à l'engin de s'arracher à l'attraction terrestre. Le second transporte la charge utile, par exemple un satellite, à lâcher dans l'espace.

les destriers de Musk. Il faut toujours imaginer un gros cigare, posé sur quatre pieds, de plus de 8 mètres de haut, le sommet rehaussé d'un siège de pilote. Cet « Atar volant » avait été imaginé par la société française Snecma (désormais Safran Aircraft Engines) en 1957. *« Il a permis de développer un modèle d'avion à décollage vertical, le Coléoptère,* explique Mathieu Beylard, chargé de médiation culturelle et scientifique au musée de l'Air et de l'Espace. *Une fois parvenu à une altitude suffisante, il devait basculer en position horizontale. Mais le projet a été abandonné. »* Trop dangereux, le pilote a failli se tuer lors de la première tentative.

Bien sûr, l'Atar n'est pas une fusée. Sa poussée demeurait inférieure à celle nécessaire à un objet devant s'arracher à l'attraction terrestre (un moteur d'avion fonctionne en brûlant son carburant avec l'oxygène de l'air, un moteur de fusée évolue lui à des altitudes telles que l'oxygène se trouve tout autour de lui en quantité trop faible, aussi l'appareil doit-il en transporter avec lui dans ses réservoirs). A-t-il pour autant été source de méditation pour Musk ? Mystère et boule de gomme. Il faut dire que si l'entrepreneur aime faire le show et multiplier les vidéos d'atterrissages de fusées, ou de leurs crashs, question information scientifique, c'est motus et bouche cousue.

« Elon Musk ne communique absolument pas sur les questions techniques, confirme Christophe Bonnal. *Il n'a jamais fait un papier de congrès. »* Comprenez un article scientifique qui comporterait les descriptions précises de ses lanceurs. Le genre d'infos qui ne tient pas dans un tweet de 280 caractères. *« Par exemple, vous ne trouverez jamais rien de produit par les équipes de SpaceX sur la trajectoire de* Falcon *ou son retour sur Terre »*, reprend Bonnal.

À l'instar de la NASA ou de l'ESA, les grandes agences institutionnelles font précisément le contraire : dès qu'elles trouvent quelque chose, cela donne lieu *urbi et orbi* à une publication. *« La parole est un art tout à fait bloqué chez Elon Musk. Seule une poignée de personnes ont le droit de communiquer »*, insiste Bonnal. Ces élus se comptent sur les doigts d'une main. Il y avait jadis son vice-président, Tom Mueller, génial concepteur de moteurs-fusées, mais il a quitté l'entreprise en novembre 2020 ; aujourd'hui, sa directrice des opérations, Gwynne Shotwell, a micro ouvert. Et Elon lui-même, *of course.* Point barre : « *Personne d'autre n'a le droit de parler quel que soit le sujet* » ajoute Bonnal.

En fait, Musk ne disserte à propos de ses réalisations que lorsqu'il a avantage à le faire. Expliquer « voilà le cycle du moteur » ou « telle est la pression en entrée de pompe », ce n'est pas son problème. Lui — comme Bezos d'ailleurs avec Blue Origin — ne parle que pour se faire de la publicité. La méthode scientifique, qui passe par la publication dans des revues spécialisées et par la validation des pairs… il n'en a rien à cirer ! « *Musk en est à l'antithèse,* reprend Bonnal. *Pourtant il a défriché pas mal de domaines inconnus qui relèvent réellement de la connaissance scientifique. Prenez le retour du premier étage vers le pas de tir. Au moment de la rentrée atmosphérique, quand le moteur du* Falcon *est vers l'avant et qu'il rallume les moteurs, son interaction avec l'atmosphère est quelque chose de très complexe, vraiment mal compris. Lui a travaillé dessus, et pourtant ne publie pas un mot à ce propos.* »

Et pourtant, ça marche ! Le premier retour au sol réussi d'un premier étage de SpaceX a eu lieu le 21 décembre 2015. Juste après cet atterrissage, le second étage du lanceur a parfaitement envoyé en orbite 11 satellites de la société Orbcomm. Pour parvenir à ce coup d'éclat, il avait fallu froisser pas mal de tôles. Ainsi, en janvier et en avril de la même année, deux tentatives de récupération d'un premier étage s'étaient soldées par des échecs. Quant à la suivante, en janvier 2016… elle a raté derechef !

D'essai en essai, la récupération est désormais devenue routinière. Musk a ensuite épicé le dispositif en reposant ses lanceurs sur des barges flottantes. Situées dans l'océan Atlantique, au large de la Floride, à 1 200 km du site de lancement du cap Canaveral, les plateformes « Of Course I Still Love You » et « Just Read The Instructions » ont, elles aussi, essuyé quelques échecs, avant de remplir désormais en routine leur rôle de plateau d'atterrissage.

Le destin d'un lanceur réutilisable est d'être… réutilisé. Aussi, il s'agissait de faire ensuite réatterrir un lanceur après son deuxième vol (Musk veut les réemployer au moins dix fois). Mission accomplie le 30 mars 2017, après le lancement du satellite *SES-10*. *« Ayant été le premier opérateur de satellites commerciaux à effectuer un lancement avec SpaceX en 2013, nous sommes ravis d'être à nouveau le premier client à effectuer un lancement dans le cadre de la toute première mission de SpaceX utilisant une fusée ayant fait ses preuves en vol »*, avait déclaré à l'époque dans un communiqué de presse, le Chief Technology Officer chez SES Martin Halliwell. Relevons au passage l'élément de langage : ne surtout pas dire « fusée de deuxième main », mais « fusée ayant fait ses preuves en vol » ! De fait, la mission a permis le bon réatterrissage du lanceur, qui devenait ainsi le premier à revenir deux fois de l'espace.

Le développement suivant a consisté à muscler la gamme des *Falcon*. Après le *Falcon 1*, le *Falcon 9*, voici le *Falcon Heavy*. Mu par 27 moteurs, il est capable d'envoyer dans l'espace une charge utile bien plus lourde. Son vol inaugural n'est pas passé inaperçu. C'est celui qui a permis d'envoyer dans l'espace une auto de Tesla, l'autre compagnie phare de Musk. Un buzz mondial, et une publicité XXL pour le lanceur doté de deux boosters latéraux et d'un réacteur central. Ceux-là se sont posés sans encombre sur Terre — c'est d'ailleurs ceux dont nous parlions en début de ce texte ! En revanche, la récupération du réacteur central a échoué : il s'est abîmé en mer. Une info communiquée bien plus discrètement par les équipes de SpaceX à l'époque…

Si, en projetant une Tesla dans l'espace, la *Falcon Heavy* a mis en orbite une charge qu'on peut dire « inutile », sa vocation est d'au contraire en envoyer des « utiles », avec, au premier chef, des satellites. Elle a ainsi accompli son premier vol commercial le 11 avril 2019 pour le compte d'Arabsat (une compagnie de télécommunications orientée vers le monde arabe, dont le QG est basé à Riyad en Arabie saoudite)... Le retour au sol des trois premiers étages de la fusée s'est déroulé avec un succès inégal : les deux latéraux se sont bien posés, mais l'élément central, une fois parvenu sur « Of Course I Still Love You » a été victime des flots agités ; il a basculé dans la mer. Encore raté, mais SpaceX avance en marchant.

Mais les satellites ne sont pas les seules « charges utiles » convoyées par SpaceX. La compagnie de Musk a ainsi également développé la capsule *Dragon* pour transporter d'abord du ravitaillement puis un équipage vers la Station spatiale internationale. Ce bidon, de 8 mètres de hauteur pour 4 mètres de diamètre, est appelé *Crew Dragon* pour sa version adaptée au transport de personnes. Il a ainsi fait l'objet d'un premier vol de qualification en mars 2019. Au cours de la mission Demo-1, la capsule a été envoyée vers l'ISS ; elle s'y est accrochée, y est restée cinq jours, avant de revenir sur Terre. À son bord, le mannequin Ripley jouait le rôle du passager.

Pour le premier vol vraiment habité de *Dragon*, ce sont deux vétérans de l'espace qui ont pris leur ticket sur la compagnie SpaceX : les astronautes américains Robert Behnken et Douglas Hurley (qui avaient déjà fait des vols à bord de la navette spatiale). Leur décollage, le 30 mai 2020, est une date importante : c'était la première fois, en neuf ans, que la NASA refaisait un vol habité. Il a ainsi marqué le retour de l'autonomie des États-Unis dans le voyage spatial habité après la fin du programme de la navette en juillet 2011. Depuis cette date, les Américains devaient passer par les *Soyouz* russes pour envoyer leurs astronautes dans l'espace. Une dépendance et une blessure d'amour-propre auxquelles Elon Musk a mis fin. Mais également un nouvel épisode dans le storytelling qui fait son succès.

L'ingénieur en chef

Avec ses *Falcon*, SpaceX a taillé des croupières à ses concurrents sur le marché des lanceurs spatiaux. De cette façon, Elon Musk a ainsi fait basculer le spatial dans l'univers du low cost. À cet égard, la date du 3 décembre 2013 est à marquer d'une pierre blanche. Si jusqu'à présent la société spatiale d'Elon Musk n'avait réalisé que des lancements institutionnels, c'est-à-dire pour le compte de l'État, elle a ce jour-là réussi son premier lancement commercial pour un nouveau client : l'entreprise de télécommunication luxembourgeoise SES (ainsi que nous le mentionnions un peu plus haut) avec l'envoi de son satellite *SES-8* qui est allé jusqu'à une altitude de 80 000 km — *« le quart de la distance pour la Lune »* relevait Musk à l'époque sur son fil Twitter. L'opération a été facturée seulement 55 millions de dollars. Soit un prix inférieur de 30 % à celui de la même prestation par *Ariane 5*.

Pour qu'il puisse casser ainsi les prix, la rumeur prête à Musk d'être parti avec de notables avantages sur ses concurrents. À la création de SpaceX, la corbeille de la mariée aurait été joliment garnie d'un sacré avantage : les droits du moteur de fusée Merlin, qui fonctionne avec du kérosène et de l'oxygène liquide. Encore un coup de pouce de l'administration américaine car ce dispositif, jadis développé par la NASA, propulse désormais les lanceurs de la gamme *Falcon*. Une innovation « sur étagère » grâce à laquelle SpaceX aurait capitalisé pour construire ses propres engins, tout en sautant une étape cruciale de recherche et de développement, à la fois chronophage et dévoreuse de capitaux.

« *Fake news !* » réagit aussi sec Christophe Bonnal. Cette idée selon laquelle SpaceX n'aurait pas eu besoin de développer le moteur aux superbes capacités qui meut ses lanceurs est pourtant solidement installée dans le paysage. Plus précisément, le Merlin ne serait — en exagérant à peine — qu'un dérivé du moteur du Fastrac X-34, un véhicule de démonstration de la NASA. Cet engin expérimental (d'où le X) et hypersonique préfigurait vaguement un premier étage réutilisable. Il s'agissait d'un petit avion spatial largué du dessous de l'aile d'un Boeing B52 qui n'a jamais dépassé la phase d'un prédéveloppement.

« *En réalité, le moteur du X-34 n'avait pas la même poussée que la première version du Merlin,* explique Christophe Bonnal. *Les deux dispositifs sont très différents. La turbopompe n'est pas la même. Et il y a une technologie commune de chambre de combustion ablative dont Musk s'est débarrassé très vite* »... Ablative ? Quèsako ? Pour le comprendre, il faut déjà savoir que la chambre de combustion d'un moteur-fusée est cet espace où sont mélangés les ergols (ces éléments initialement maintenus séparés dans les réservoirs fournissent, quand ils réagissent ensemble, l'énergie nécessaire à la propulsion). Dans la chambre de combustion, ils s'enflamment donc à très haute pression. Et la température monte en flèche, jusqu'à 3 000 °C environ. « *Nous n'avons pas de matériaux capables de soutenir une telle fournaise* », reprend Bonnal.

Pour que la chambre de combustion tienne le coup, il est donc possible de la construire dans un matériau ablatif — par exemple des dérivés du carbone — qui, au fur et à mesure, crame, se racornit et disparaît. Le moteur Viking d'*Ariane 1, 2, 3* et *4,* était conçu de la sorte. La technique est maîtrisée, mais cela se paie au niveau des performances du moteur. Elles sont dégradées puisque au fur et à mesure de l'ablation, il y a une régression de la surface de la chambre de combustion.

Il y a donc une alternative, qui consiste à opter pour une chambre dite « régénérative ». À l'intérieur de sa paroi, sont noyés des petits canaux où circulent les ergols, par exemple de l'hydrogène, à très basse température. Ces serpentins courent sous toute la surface de la chambre de combustion pour la refroidir de façon active. Comme dans les entrailles d'un frigo en somme ! Ainsi, malgré les 3 000 °C à l'intérieur, la paroi de la chambre de combustion reste dans des limites raisonnables, à 1 000 °C ou 800 °C, parfois moins.

Avec la chambre régénérative, les performances sont nettement plus élevées. La technique n'est pas récente et date des années 1950, mais il faut savoir l'employer, et Musk l'a adoptée très rapidement pour son Merlin.

À l'évidence, SpaceX maîtrise aussi un autre élément clé qui est déterminant pour expliquer les bonnes performances d'un moteur. Il s'agit de l'injecteur, autrement dit la plaque trouée qui laisse s'écouler le carburant et le comburant dans la chambre de combustion. Quantité d'architectures existent — imaginez différentes gammes de pommeaux de douche qui diffèrent par la forme et la position de leurs trous. Mais l'un se distingue de la masse : *« Un système d'injection en particulier est tout à fait rusé,* reprend Bonnal. *Il s'appelle le "pintle". Il est constitué d'une espèce d'aiguille centrale et réglable, à l'intérieur de laquelle on peut faire circuler une deuxième aiguille qui règle le débit. Cet élément permet d'avoir un moteur plus simple, capable d'avoir une modulation de poussée, mais qui était réputé pour avoir un mauvais rendement de combustion. »*

Autrement dit, ça brûle, mais pas très bien. Aussi, très peu de moteurs s'en étaient jusqu'à présent servi, à l'exception notable — et ancienne — de celui du module lunaire, développé par la société américaine TRW (rachetée au début du millénaire par Northrop Grumman). Aujourd'hui, ce sont les Merlin qui sont passés aux « *pintles* » avec « *un rendement de combustion extraordinaire, semble-t-il* », estime Bonnal. Il est extrêmement élevé et demeure une source de cogitations pour les observateurs qui en sont réduits à faire hypothèses et conjectures. Christophe Bonnal s'est prêté au jeu : « *Quand on développe une structure, on fait des simulations informatiques par éléments finis avec les différents chargements subis par chaque élément constitutif. Cela se traduit par des dessins colorés*[2] *: il y a des zones vertes, jaunes, rouges et noires. Chaque couleur indique la marge qu'il reste : quand c'est noir, ça va lâcher.* »

L'approche classique dans le spatial, c'est d'améliorer le noir de manière à ce qu'il revienne dans le rouge ou le jaune. En revanche, personne n'irait gratter le vert pour qu'il tourne au jaune ou au rouge. Personne... Sauf Musk ? « *C'est pourtant bien ce qu'il semble faire, tout gratter, pour alléger partout.* » Selon notre code couleurs, le moteur Merlin serait donc entièrement rouge. Limite partout.

Cette approche serait visible dans l'impressionnante cure d'amaigrissement faite par le Merlin en vingt ans. Car Musk n'hésite pas à modifier un dispositif déjà opérationnel. Encore une différence avec les acteurs classiques du spatial : la philosophie chez eux, c'est que quand quelque chose fonctionne, on n'y touche pas. L'idée est plutôt d'accumuler les vols de manière à surfiabiliser le dispositif afin de pouvoir dire que le design en question est parfaitement sûr.

Naturellement, il y a bien quelques évolutions de temps en temps. Ainsi, sur *Ariane*, le Vulcain 1 est passé au Vulcain 1.2, après au Vulcain 2, et au Vulcain 2.1 qui va voler sur *Ariane 6*. Quatre versions depuis 1996. Et encore, la quatrième ne vole toujours pas. « *Musk, c'est un raisonnement complètement différent, celui d'un informaticien,* reprend Christophe Bonnal. *Même si ça marche, le lendemain il fait la version Beta, plus le surlendemain il fait la Beta.1, et ainsi de suite.* » Sur Merlin, cela

---

2. On peut comparer cela à une carte météo où les niveaux de chaleur sont indiqués par une palette de couleurs allant du vert clair au rouge foncé... avant de basculer dans le noir.

s'est traduit par une palanquée de changements : la V1.0, la V1.1, la V1.2, la V 2.1, la V2.2… Et à chaque fois le moteur évolue énormément.

La V1.0, le tout premier Merlin, faisait 630 kg, pour 49 tonnes de poussée dans le vide. À la version V1.1, la masse du Merlin est passée à 480 kg. Aujourd'hui, le dispositif fait 470 kg pour une poussée de 91 tonnes. *« C'est bluffant »*, souffle Bonnal.

Repousser sans cesse les limites, voilà donc l'approche qui se manifeste dans l'entièreté des lanceurs de SpaceX. Jamais rien de révolutionnaire, mais des technologies toujours aculées dans leurs derniers retranchements. Avec également beaucoup de systèmes originaux. Prenez la séparation entre le premier et le deuxième étage du *Falcon 9*, par exemple. Elle n'est commandée que par trois doigts pneumatiques qui, attachés au premier étage, retiennent le second. Sur *Ariane*, cette même fonction est faite par un cordeau pyrotechnique, très lourd et très cher, mais aussi très défiabilisant, qui provoque un choc absolument phénoménal dans les structures. Ça fonctionne très bien, certes, mais cette méthode est totalement ringardisée par le système de SpaceX, plus doux et surtout moins générateur de chocs.

Autre exemple dans les systèmes de séparation entre les étages : l'Europe utilise des petites fusées pour éloigner l'un de l'autre les étages de son lanceur, une fois qu'ils sont désolidarisés. Il y a sinon un risque que celui du bas continue sur sa lancée, rattrape celui du dessus et tape dedans. Pareil accident est survenu sur le deuxième vol de *Falcon 1*, la mission a été perdue parce que le premier étage est venu se cogner dans le deuxième. Pour la même problématique de séparation des étages, *« SpaceX a opté pour un système complément différent et assez fou,* explique Bonnal. *Un gros vérin pneumatique attaché sur le fond avant du premier étage. Il s'appuie dans la chambre de combustion du deuxième étage. Et donc, au moment où il se sépare, il pousse. Et on voit très bien le vérin sur les vidéos des vols de* Falcon 9. *Fallait y penser »*.

La réussite de SpaceX réside donc dans la somme de ces détails, de perfections, de chasse à la marge partout. Une quête réussie parce que *« Musk a réuni les meilleurs autour de lui »*, estime Christophe

Bonnal. Sans langue de bois, et avec un enthousiasme qui fait plaisir à entendre — tant Musk provoque commentaires acides et négatifs —, le spécialiste du CNES tranche : *« Lui-même, c'est le meilleur. Elon Musk est sans doute le plus grand ingénieur spatial depuis Wernher von Braun. Toute décision chez SpaceX sur le lanceur passe par lui. Il tranche, il fait les choix, c'est l'ingénieur en chef. »*

Ces décisions vont beaucoup dans le sens de la réduction des marges, d'une mise sous tension du monde scientifique et industriel. Mais attention, cela ne va pas sans risque. Et aller au plus près de l'endroit où ça casse, c'est courir le risque… de casser justement. *« Il a des anomalies, plein,* conclut Bonnal, *comme par exemple celle qui a provoqué l'explosion de la mission* AMOS-6 *sur son pas de tir. »* SpaceX devait en effet lancer début septembre 2016 le satellite de communication israélien du même nom. Mais quarante-huit heures avant le départ prévu de la *Falcon 9*, un test de mise à feu sur le pas de tir au cap Canaveral a tourné à la catastrophe, provoquant un départ d'incendie qui a dégénéré en une explosion du lanceur et de sa cargaison.

L'enquête diligentée par les ingénieurs de Musk a conclu quelques mois plus tard à une défaillance sur l'un des réservoirs d'hélium, dans le deuxième étage de la fusée. Le jour de l'explosion, le membre de la commission sénatoriale du commerce Bill Nelson déclarait que *« l'incident d'aujourd'hui nous rappelle à tous que les vols spatiaux sont une entreprise qui est par définition risquée[3] »*. Alors sénateur de la Floride et désormais administrateur de la NASA, il était en effet bien placé pour le savoir : cet ancien astronaute a volé sur la navette spatiale américaine *Columbia* entre le 12 et le 18 janvier 1986. Son retour sur Terre avait donc été le dernier avant la destruction au décollage d'une autre navette, la tristement célèbre *Challenger*, survenue dix jours plus tard[4]…

---

3. Cité par SpaceNews : https://tinyurl.com/yc4czbt6

4. La navette *Columbia* est d'ailleurs la seconde navette à avoir été détruite en vol, le 1er février 2003.

STARSHIP
LA FUSÉE DE TINTIN, EN VRAI

La science-fiction comme source d'inspiration

Si l'acte de naissance de la science-fiction en tant que genre littéraire prend effet en 1818 avec la publication de *Frankenstein* de la Britannique Mary Shelley, c'est toutefois aux États-Unis, dans un basculement vers le Nouveau Monde, qu'il s'est le plus développé quelques années plus tard. Les pulps, magazines populaires et bon marché, ont été son principal vecteur de diffusion. Le premier représentant de ce type de revue, typiquement américaine, est *Argosy*, créé en 1882 et entièrement consacré à la fiction à partir de 1896. La plus illustre d'entre elles ? Sans doute *Astounding Stories*, lancée en 1930. Elle a permis l'éclosion de pointures de la SF tels qu'Isaac Asimov — dont le cycle *Fondation* s'offre une nouvelle jeunesse avec sa récente adaptation en série pour la plateforme de vidéos d'Apple — ou Robert A. Heinlein, l'auteur de *Étoiles, garde à vous !*, devenu *Starship Troopers* au cinéma.

Les couvertures d'*Astounding Stories* valent le coup d'œil et sont accessibles en quelques clics sous Google Images. Un bestiaire d'extraterrestres colorés et bourgeonnants, des vaisseaux spatiaux élégants, étincelants et effilés... Pour un internaute des années 2020, la ressemblance entre ces fusées vintage et le vaisseau amiral d'Elon Musk est frappante. Telle est *Starship*, la dernière-née des fusées de SpaceX : l'incarnation ultime des fantasmes de science-fiction d'un jeune passionné élevé au lait du *Jour où la Terre s'arrêta* et de *Star Wars*.

Car oui, si les *Falcon* portent ce nom, c'est bien évidemment en référence au *Millenium Falcon*, le vaisseau bringuebalant mais formidablement attachant de Han Solo et Chewbacca dans la saga initiée par George Lucas en 1977. Le *Starship*, lui, s'est d'abord appelé *BFR*, comme Big Falcon Rocket… ou Big Fucking Rocket, selon son surnom internationalement usité, un trait d'humour « kolossal » très muskien, aux dimensions de la fusée elle-même[5].

L'immense cigare argenté frappe par son look miroitant, dû à l'acier inoxydable qui le carapace (un choix singulier, on y reviendra). Large de 9 mètres pour près de 120 mètres de haut, elle dépasse de 10 mètres la déjà impressionnante *Saturn V*, le lanceur spatial super-lourd développé par la NASA pour le programme *Apollo*. Sacré travail de gonflette depuis le premier *Falcon*, qui ne faisait que 21,3 mètres de haut pour 1,7 mètre de diamètre. Selon SpaceX le *Starship* pourra arracher de terre une charge utile de 100 tonnes. Mais surtout, c'est le vaisseau qui doit jouer un rôle clé dans le retour sur la Lune, et le voyage vers Mars.

Le *Starship* est composé de deux étages, tous les deux réutilisables. Le niveau inférieur, nommé *Super Heavy*, est celui qui propulse la fusée ; il mesure près de 70 mètres de haut. Au-dessus, le second étage en fait 50. Il est dénommé lui-aussi *Starship* — comme l'entièreté de la fusée, au risque d'une certaine confusion. C'est là que doivent prendre place les futurs astronautes pour les explorations spatiales, dans la version *Starship Crew* destinée aux vols habités.

Une fusée qui carbure au méthane

Sur le *Starship*, point de moteur Merlin. Place au Raptor. Il y en aura jusqu'à 33 sur l'étage inférieur, 6 sur celui du haut. Ce nouveau moteur-fusée développé par SpaceX ne fonctionne plus avec la fameuse combinaison d'oxygène et d'hydrogène liquides (celle du moteur Vulcain par exemple). Le Raptor carbure à un autre cocktail, mélange d'oxygène, toujours, et de méthane. Une option qui ne va pas de soi, car le meilleur moteur chimique de l'industrie spatiale demeure celui qui combine l'hydrogène et l'oxygène. *« En termes d'impulsion spécifique, c'est ce qu'on fait de mieux »*, tranche Francis

5. Il a été rebaptisé *Starship* en novembre 2018.

Rocard, responsable du programme d'exploration du Système solaire au CNES, l'Agence spatiale française[6]. Cette notion, qui se chiffre en secondes, définit la performance d'un moteur : l'équivalent pour les automobiles de la consommation en litre au cent. Plus cette « impulsion » est haute, plus le moteur est efficace. Or, celle du mélange oxygène liquide/hydrogène (supérieure à 400 secondes) bat l'impulsion spécifique de la combinaison méthane/oxygène.

Pourtant, c'est bien ce choix qui a été fait par Musk, et il s'avère très stratégique. Car le méthane présente de précieux avantages, notamment de stockage. *« Dans le scénario d'un humain sur Mars, le stockage des ergols cryogéniques, c'est-à-dire qui doivent être maintenus à très basse température, est un vrai problème, notamment à l'intérieur du véhicule en orbite martienne qui va attendre que l'équipage remonte pour revenir sur Terre »*, commente Francis Rocard.

Ce véhicule pourrait rester un, deux ou trois ans en orbite martienne, le temps que la mission ait lieu à la surface. Or, il est strictement impossible de stocker l'hydrogène liquide pendant une telle période de temps. *« Les températures devraient être maintenues à des niveaux extrêmement bas. À la moindre fuite thermique, l'hydrogène a tendance à bouillir et à s'échapper du réservoir. Celui-ci serait vide au bout de deux ans »*, reprend Rocard.

L'option de l'hydrogène liquide éliminé, les ingénieurs de SpaceX devaient trouver une alternative. Le conserver sous forme de gaz ? Cela prend plus de place et nécessiterait des réservoirs absolument gigantesques, *« d'où l'idée de basculer sur du méthane liquide, un ergol cryogénique plus facile à stocker pour des missions de longue durée comme l'exploration martienne »*, continue Rocard.

Il y a un autre argument, déterminant, en faveur du méthane. Il paraît possible d'en fabriquer directement sur la Lune et sur Mars. Les spécialistes du spatial parlent d'ISPP, comme *in situ propellant production*, soit la production sur place de produits de propulsion.

6. L'astrophysicien Francis Rocard est aussi l'auteur de *Dernières nouvelles de Mars*, sorti en 2020 chez Flammarion.

Ainsi, il est fort probable que l'on puisse trouver de la glace d'eau au pôle Sud de notre satellite. Les molécules H_2O peuvent alors être cassées pour en faire d'un côté des atomes d'hydrogène (H) et de l'autre des atomes d'oxygène (O). *« Et si l'on déniche aussi de la glace de CO_2, il paraît possible d'en tirer le carbone qui, combiné avec l'hydrogène porté à très haute température, donnera du méthane. C'est compliqué, mais jouable »*, estime Rocard.

Quant à Mars, l'idée serait d'employer le CO_2, majoritairement présent sous forme gazeuse dans l'atmosphère de la planète, pour en faire d'un côté de l'oxygène — premier ergol — et de l'autre, du carbone. Celui-ci permettrait ainsi de créer du méthane — le second ergol — en le faisant réagir à très haute température avec de l'hydrogène, élément également présent sur la planète rouge comme démontré par les observations de certains instruments scientifiques, notamment les spectromètres à neutrons, à l'instar du dispositif FREND. Ce dernier est installé sur la sonde *Trace Gas Orbiter*, envoyée en orbite martienne dans le cadre de la mission *ExoMars 2016*, mené par l'Agence spatiale européenne (ESA) avec une forte participation russe.

Cette détection de l'hydrogène par les spectromètres à neutrons montre aussi à quel point les missions martiennes robotisées se présentent comme une façon de préparer une exploration au sol à venir. Mais alors, comment fonctionne FREND, depuis son poste de vigie en orbite martienne ?

La surface d'une planète avec une atmosphère très ténue comme Mars — ou d'un astre qui en est dénué, comme la Lune — est en permanence arrosée de photons gamma venus de l'espace (sur Terre, ils sont stoppés par notre atmosphère). *« Ces particules très énergétiques pénètrent dans le sol martien : si un photon y interagit avec un noyau atomique, il a tendance à éjecter un neutron constitutif de cet élément,* explique le planétologue François Forget, directeur de recherche au CNRS et membre de l'Académie des sciences. *Cela fait que Mars, comme la Lune, rayonne des neutrons qui ont été éjectés par le rayonnement gamma : il est possible de les mesurer depuis l'espace. »* Dans la plupart des cas, les neutrons sont délogés et éjectés ; on les mesure « tels quels ».

Mais parfois, ils peuvent percuter d'autres noyaux. S'il s'agit d'un noyau massif — du type carbone ou silice, bref des cailloux —, ils vont rebondir comme au billard et finir par être éjectés quand même. La musique est en revanche différente s'ils percutent un proton, c'est-à-dire un noyau d'hydrogène. Comme les deux ont à peu près la même masse, le choc fait perdre beaucoup d'énergie au neutron. *« Ainsi, quand le flux de neutrons mesuré depuis l'espace est vraiment faible, cela indique qu'il y a de l'hydrogène dans le sous-sol »*, poursuit le spécialiste.

Si l'hydrogène est détecté en grande quantité, c'est le signe qu'il y a de la glace d'eau sous le sol. Si les traces sont plus réduites, *« l'hydrogène peut prendre la forme de roches hydratées, comme le talc, ou certains argiles »*, reprend François Forget. Voilà donc une belle façon de cartographier la planète pour identifier les bons sites où se poser. Même si, évidemment, pour faire du méthane, il ne suffira pas de détecter ce gisement d'hydrogène. Il faudra l'extraire et l'employer comme matière première à la fabrication de ce carburant. Cela nécessitera donc beaucoup d'énergie. *« Mais pour le MAV, le véhicule qui redécolle de Mars, un point dur du scénario de l'exploration martienne, il faudra passer par cette fabrication des ergols sur place »*, reprend Rocard. Il est effectivement invraisemblable que l'engin ait pu emporter, dès son départ de la Terre, tout le carburant nécessaire pour faire l'aller-retour entre les planètes bleue et rouge.

« Le choix du méthane est très bon, et nous l'avions d'ailleurs fait avant Musk », sourit Christophe Bonnal. Le moteur-fusée Prometheus, développé par ArianeGroup avec le CNES et l'ESA, est destiné à être utilisé par les lanceurs européens à partir de 2030, et il fonctionne effectivement avec du méthane et de l'oxygène liquides. Une option prise pour des questions de coût, de simplification des machines et de compacité : *« Le méthane est cinq à six fois plus dense que l'hydrogène. Pour une même quantité on peut donc employer des réservoirs cinq à six fois plus petits »*, continue-t-il.

Le spécialiste français des lanceurs ne cache pas son enthousiasme pour le Raptor : *« Un moteur absolument phénoménal qui pourra ravir au Merlin le titre de meilleur moteur du monde. Sa conception est brillantissime, légère, compacte. Sa combustion est étagée, ce qui est très difficile à faire, et développe une très forte pression, de l'ordre de 250 ou 260 bars.* » À l'arrivée, le dispositif produit une poussée deux à trois fois supérieure à celle du moteur Vulcain d'*Ariane.*

Là aussi, les développements du Raptor ont été faits selon l'approche « informaticienne » de Musk. C'est-à-dire en accumulant les versions qui ont été construites, lancées, crashées, puis corrigées et améliorées. Rien à voir avec l'approche classique de la NASA qui va « *tout analyser pendant des années ou des décennies avant d'effectuer un premier test en vol* », ainsi que l'écrit Robert Zubrin[7], ingénieur américain et fondateur de la Mars Society, une organisation internationale faisant la promotion du voyage vers la planète rouge (son pendant français est l'Association Planète Mars[8]) et dont Elon Musk est proche. L'entrepreneur a d'ailleurs participé aux conventions de l'organisation, en 2012 et en octobre 2020 (en visio). La séquence de sa participation virtuelle, diffusée sur YouTube, a été vue plus de 100 000 fois en l'espace de vingt-quatre heures après sa mise en ligne.

Le choix de l'acier inoxydable

Le développement du *Starship*, ce sont donc quelques sacrés crashs, précédés de vols d'une beauté hypnotique. Filmés (et visibles sur le web), ces ballets de fusées constituent un extraordinaire instrument de promotion pour Musk : il faut regarder ces immenses bidons d'acier s'élever dans le ciel de Boca Chica, la base de SpaceX au Texas, tout près de la frontière mexicaine. Vu depuis le sol, le corps massif des SN (comme « Serial Number ») paraît s'élever lentement, porté par l'immense langue de feu des trois Raptor qui propulsent ces prototypes. Les voilà qui passent au-delà de la ligne de côte, baignée par les eaux du golfe du Mexique, pour grimper à une dizaine de kilomètres d'altitude. Ils basculent ensuite en position horizontale, redescendent, et se remettent à nouveau à la verticale pour se poser à la façon de la fusée de Tintin.

---

7. Son texte « Le potentiel considérable de la nouvelle fusée d'Elon Musk » est publié sur le site de la branche française de Mars Society, baptisée Association Planète Mars : https://bit.ly/3ygEjU1
8. Le site de l'Association Planète Mars : https://planete-mars.com/

Au début, ça n'a pas marché. Le 9 décembre 2020, *SN8* s'est écrasée à l'atterrissage. Même topo pour *SN9*, le 2 février 2021. Le 3 mars 2021, fausse joie avec *SN10* : elle se repose, mais mal, et encaisse un tel choc en touchant le sol que la fusée explose au bout de huit minutes. Enfin, le 5 mai 2021, *SN15* gagne la timbale. Il est le premier prototype du *Starship* à réussir son atterrissage. Il s'est posé sur une large surface de béton, tout près du lieu de décollage. On est presque surpris (voire déçu ?) du laconique tweet de Musk pour célébrer l'événement : « *L'atterrissage du* Starship *est nominal !* » La *fan base*, elle, en redemande : la séquence a dépassé les 6 millions de vues sur la chaîne YouTube de SpaceX[9] .

La beauté du vol du *Starship* tient en grande partie à son apparence étincelante, parce qu'il est construit, comme on l'a dit, en acier inoxydable. Un choix surprenant : de nos jours, les lanceurs sont plutôt conçus en aluminium, voire en fibre de carbone. Mais l'option de l'acier inoxydable ne sort pas d'un chapeau : « *Nous l'avons jadis utilisé pour le premier étage d'*Ariane 1, 2, 3 *et* 4, commente Christophe Bonnal. *En revanche, les structures d'*Ariane 5 *et* 6, *comme du* Space Launch System *— le* SLS *est le nouveau lanceur spatial super-lourd de la NASA — sont en aluminium.* » La raison de ce changement ? L'aluminium est beaucoup plus léger que l'acier ; il décolle plus facilement. Ce côté « poids plume » permet ainsi d'employer des plaques d'alu plus épaisses que leurs équivalentes en acier, dont les épaisseurs doivent être beaucoup plus faibles, de l'ordre du demi-millimètre. Or, manufacturer de telles feuilles à papier de cigarette, c'est drôlement coton : « *Les problèmes de soudure sont complexes,* reprend Bonnal, *c'est ce qu'on appelle le "minimum technologique".* »

Mais cet argument tient de moins en moins, car l'art de souder a fait de grands progrès ces dernières années. L'acier étant par ailleurs plus costaud que l'alu, il a repris l'ascendant. « *En caricaturant, l'aluminium est trois fois plus léger que l'acier, mais il tient trois fois moins bien* », explique le scientifique. L'acier présente ainsi une température de fusion beaucoup plus élevée que celle de l'aluminium.

---

9. La réussite du *Starship* en vidéo est à voir ici : https://bit.ly/3sakaeH

Une vertu précieuse pour un engin récupérable comme le *Starship* : il doit, en revenant de l'espace, traverser l'atmosphère terrestre. La rentrée d'orbite est très chaude, en raison des frottements avec les gaz atmosphériques *(voir encadré ci-après)*. Dans ce contexte, l'acier est très intéressant, car il résiste jusqu'à 1 300 °C ou 1 400 °C tandis que l'alu, lui, se transforme en chewing-gum à 500 °C. Mais si Elon Musk a décidé d'employer l'acier pour le *Starship*, c'est aussi parce qu'il coûte moins cher. Il opte donc, dans un premier temps, pour l'alliage dit 301. Le 9 mars 2020, il explique dans une conférence que ce matériau étant connu depuis les années 1950, il devait être désormais possible de trouver un acier encore plus intéressant : d'où le choix annoncé par un tweet quelques jours plus tard du 304 L, plus résistant aux températures cryogéniques. Une option par ailleurs temporaire puisque Musk précise aussi que SpaceX passerait *« sans doute avant la fin de l'année »* à un acier inoxydable d'une composition établie par ses ingénieurs. Parions que son usage sera sans doute mutualisé avec les usines Tesla, Elon Musk s'imposant comme le roi de la synergie.

LE *STARSHIP* N'A PLUS LE NEZ QUI COULE

L'entrée dans l'atmosphère est un moment crucial et délicat, l'engin spatial devenant très, très chaud en raison des frottements subis. L'enjeu est donc de faire baisser la température afin que l'appareil demeure en un seul morceau. Dans un scénario de voyage vers Mars, le problème est d'autant plus épineux que le *Starship* devra se confronter non pas à une, mais à plusieurs entrées atmosphériques : *« Il faudra d'abord traverser l'atmosphère de Mars pour y atterrir. Mais à la fin du voyage retour, au moment de revenir sur Terre, le même* Starship *devra traverser l'atmosphère de notre planète : c'est beaucoup de contraintes pour un seul et même appareil »*, relève Richard Heidmann, ancien spécialiste des questions de propulsion chez Snecma et vice-président de l'Association Planète Mars. Une technique consiste à procéder à un refroidissement par transpiration — le « *transpiration cooling* » en anglais. *« Une partie du liquide froid transporté dans votre réservoir — par exemple du méthane liquide — suinte* via *des pores installés sur le ventre de l'engin »*, explique Christophe Bonnal. Il s'agit en effet de la zone de l'appareil la plus soumise aux frottements. Cette approche, privilégiée un temps par Musk, n'est plus d'actualité. SpaceX a finalement choisi d'évacuer la chaleur par des tuiles thermiques (en l'occurrence de forme hexagonales). Les navettes spatiales américaines étaient pourvues du même dispositif pour diminuer la température lors du retour atmosphérique. Le problème est crucial, ainsi que l'illustre le drame du 1er février 2003. Ce jour-là, et parce que sa protection thermique avait été endommagée au lancement, la navette *Columbia* s'est désintégrée à son retour sur Terre ; les sept astronautes à son bord y ont perdu la vie.

LE VOYAGE SUR MARS
EXPLORER N'EST PAS COLONISER

Mars, défi spatial du XXIe siècle

Le programme *Apollo* — qui a duré onze ans — fut l'aventure spatiale emblématique du XXe siècle. Celle qui a vu Neil Armstrong mettre pour la première fois un pied sur la Lune, le 21 juillet 1969. Une conquête de l'espace lancée en 1961 dans un contexte de guerre froide par le président américain John F. Kennedy devant le Congrès des États-Unis. Il a renouvelé la promesse un an plus tard dans un discours à l'Université Rice de Houston ; l'une de ses formules — elle claque ! — est d'ailleurs restée dans les annales : *« Nous choisissons d'aller sur la Lune. »* Dès lors, l'hôte de la Maison-Blanche assurait que ce serait fait avant la fin de la décennie.

Assassiné en 1963, JFK n'a finalement pas vu le triomphe de cette vision spatiale. Et la réalisation de sa promesse. *Apollo 11,* avec Armstrong et ses coéquipiers Buzz Aldrin et Michael Collins, fut pourtant bien la première mission durant laquelle des astronautes ont marché sur la Lune. D'autres ont suivi, jusqu'à l'odyssée finale, *Apollo 17,* en 1972. Au total, 12 astronautes ont foulé le sol sélène[10].

Huit ans seulement séparent l'annonce de JFK au Congrès et le *« petit pas pour l'homme, et le grand pas pour l'humanité »* d'Armstrong. Un délai record pour un objectif extraordinaire qui n'a été possible que

10. Dans tout le programme *Apollo,* le géologue Harrison Schmitt est le seul scientifique à être allé sur la Lune.

grâce à l'aide de budgets colossaux. Soit l'équivalent de 280 milliards de dollars actuels, selon les estimations de l'ONG américaine Planetary Society[11]. Depuis, le financement des vols spatiaux habités est toujours très important aux États-Unis. Ces derniers sont d'ailleurs le seul pays au monde à lui consacrer 50 % de leur budget spatial. Du côté de l'Agence spatiale européenne, ce n'est que 10 %.

L'hypertrophie des budgets consacrés aux vols habités chez l'Oncle Sam s'est traduite par l'avènement de deux autres programmes impliquant des astronautes : l'iconique navette spatiale et la Station spatiale internationale (ISS). L'un et l'autre ont coûté plus de 100 milliards de dollars. Le premier a duré trente ans, de 1981 à 2011 et chacun de ses vols coûtait 1,5 milliard de dollars, soit une somme considérable par rapport au coût d'une fusée traditionnelle. L'ISS est quant à elle devenue un lieu familier du grand public. Grâce notamment au succès du film *Gravity* ou, vu de la France, à la médiatisation des deux séjours qu'y a fait l'astronaute Thomas Pesquet. C'est en 1998 que le premier élément constitutif de l'immense laboratoire spatial a été placé en orbite terrestre, à environ 400 km d'altitude. Fruit d'une collaboration internationale, il a hébergé 3 000 études scientifiques menées en microgravité. Il est toujours opérationnel aujourd'hui, mais pour combien de temps encore ? Le 31 décembre 2021, l'administration américaine a annoncé son intention d'y maintenir une activité jusqu'en 2030. Mais l'invasion de l'Ukraine par la Russie a tout bouleversé : en réplique aux sanctions décidées par l'Europe et les États-Unis, Moscou a menacé, *via* son agence spatiale Roscosmos que le module russe de l'ISS pourrait ne plus fournir les poussées nécessaires à ce que l'immense structure demeure en orbite, et sans lesquelles elle pourrait chuter dans l'atmosphère terrestre...

« Et maintenant, que vais-je faire ? » chantait Bécaud. Après de tels chantiers, quel défi est à la mesure du spatial américain ? *« Quand vous avez un secteur aussi important dans un pays,* commente Francis Rocard, *la tendance évidente est de vouloir aller de l'avant. La case*

---

11. Voir l'article de Franck Daninos sur le site web de *Sciences et Avenir* : https://bit.ly/3LNEWbD

Lune ayant été cochée, celle derrière, évidente, c'est Mars. C'est pratiquement le seul objet atteignable pour les hommes dans ce siècle. » Le voyage habité vers Mars sera donc en effet l'objectif emblématique du spatial pour le XXIe siècle, de la même façon que le voyage sur la Lune fut celui du siècle précédent. Et les États-Unis, vu leur force de frappe en ce domaine, en seront à l'avant-garde. « *Je pense qu'ils vont y aller* », atteste le responsable du programme d'exploration du Système solaire au CNES.

Précision : nous parlons bien ici d'un vol intégrant des astronautes. Le voyage des machines est déjà une mission accomplie. Rappelez-vous de l'arrivée, récente, du robot roulant *Perseverance* sur la planète rouge. Ce rover de la NASA y a atterri le 18 février 2021. Son voyage depuis la Terre — qui a duré plus de deux cents jours — l'a vu avaler 472 millions de kilomètres. Avant lui, quatre autres astromobiles américains s'étaient posés sur Mars à des fins d'explorations : *Sojourner, Spirit, Opportunity* et *Curiosity* (le dernier en date avant *Perseverance* fête en 2022 ses dix ans de villégiature martienne). La Chine n'est pas en reste : son astromobile *Zhurong* roule lui sur la planète rouge depuis le 22 mai 2021. Quant à l'Europe, elle est dans une situation délicate : son rover *Rosalind Franklin* devait quitter la Terre en septembre 2022 à bord de la mission *ExoMars* pour être déposé sur le plancher martien. Mais ce programme mené avec la Russie est lui aussi une victime collatérale de la guerre en Ukraine : il est — au mieux — reporté de plusieurs années...

L'enjeu est désormais différent : « *Un humain à la surface de Mars, c'est la mission la plus difficile qui soit* », annonce Francis Rocard. Un défi jalonné de nombreuses difficultés, mais aussi un rêve qui ne date pas d'hier. Wernher von Braun y pensait déjà. L'ingénieur allemand, génial et controversé, a développé pour le régime nazi les missiles balistiques V2 qui ont bombardé Londres. Ancien officier SS, il a été exfiltré aux États-Unis à la fin de la Seconde Guerre mondiale. Naturalisé américain en 1955, son rôle dans la conquête spatiale américaine a été déterminant, en particulier dans le cadre du développement de *Saturn V*, le lanceur qui a permis d'envoyer des hommes sur la Lune. Dans un témoignage publié dans le journal

La Croix, sa fille se souvient du lancement d'*Apollo 11* : « *Presque dès le lendemain, il parlait d'aller sur Mars*[12]. »

Il caressait même l'idée bien avant. Dans son livre publié en 1952, *The Mars Project*, Wernher von Braun développe sa vision d'une mission vers Mars avec des astronautes : extrêmement ambitieux, il prévoyait un équipage de 70 personnes s'embarquant dans une flotte de dix vaisseaux spatiaux. Soixante-dix ans plus tard, le rêve d'une mission habitée « *est toujours d'actualité* », souligne Rocard. Il est désormais incarné par Elon Musk pour qui le *Starship* est le vaisseau spatial qui permettra à l'espèce humaine de s'installer sur la planète voisine de la nôtre. Sur le site web de l'entreprise, l'aventure paraît déjà très concrète. Il est précisé que le *Starship* devra pénétrer l'atmosphère martienne à 7,5 km/s ; une simulation numérique montre la façon dont le vaisseau basculera en position verticale parvenu à 10 km d'altitude pour se poser comme la fusée de Tintin sur le sol martien[13].

Vu ainsi, ça a l'air facile. Les défis à relever sont pourtant colossaux. D'abord, on ne pourra pas partir n'importe quand. Il est nécessaire d'attendre la bonne conjonction cosmique, celle qui fait que Mars et la Terre sont les plus proches. Si elles sont l'une et l'autre en orbite autour du Soleil, les deux planètes ne se déplacent pas à la même vitesse. À chaque instant, elles sont donc plus ou moins rapprochées. Le voyage doit être entrepris quand la distance est minimale : moins de 100 millions de kilomètres, contre 400 millions de kilomètres quand Mars et la Terre sont de part et d'autre du Soleil. « *Cette configuration se produit tous les vingt-six mois* », précise François Forget.

Aussi, il faut quitter la Terre juste avant et séjourner sur Mars jusqu'à ce que les planètes reviennent au plus proche l'une de l'autre : cela représente une attente d'un an et demi environ, et donc un séjour égal sur le sol martien. Comme l'aller et le retour devraient durer chacun six mois, cela signifie que cette escapade spatiale durerait deux ans et demi. Ce scénario est le plus communément avancé, il

---

12. L'article de *La Croix* : https://bit.ly/3vKWWxH
13. Page martienne de SpaceX : https://www.spacex.com/human-spaceflight/mars/

connaît néanmoins des variantes, notamment une qui permettrait de ne rester qu'un mois sur Mars. Pour cela, le vaisseau devrait alors faire un crochet par Vénus dont il pourrait, en la frôlant, utiliser la gravité pour accélérer. Mais l'astre est la deuxième planète la plus proche du Soleil : elle reçoit un flux solaire double de celui qui inonde la Terre. Cela impliquerait de prévoir un vaisseau avec des protections thermiques adaptées.

Pour accomplir un pareil périple, il faut aussi que les astronautes puissent — relativement — prendre leur aise. « *Impossible d'entreprendre un tel voyage dans une capsule spatiale du type de celle d'*Apollo, *ce serait une torture de laisser des gens attachés sur un siège pendant six mois*, commente Michel Viso, longtemps responsable de l'exobiologie au CNES. *Les astronautes doivent continuer à avoir une activité sportive et sociale.* » De fait, le *Starship* est censé pouvoir embarquer une centaine de personnes, grâce à sa capacité d'emport de 100 tonnes. Il faut imaginer un espace comparable à celui d'un A380 avec des couchettes, des stocks d'alimentation, les instruments de navigation… C'est très ambitieux, mais rien n'est techniquement hors d'atteinte.

Prenez la question des réserves d'eau nécessaires au voyage. Si l'on estime la consommation quotidienne à 20 litres par personne, la masse finale constituerait une charge colossale. Non, il faudra plutôt recycler les eaux « grises » (lavage, transpiration, urine) et « noires » (les selles), des techniques parfaitement maîtrisées par les décennies d'utilisation de la Station spatiale internationale. Du côté de l'oxygène nécessaire à emplir les poumons des astronautes, les ingénieurs savent déjà très bien le fabriquer à partir du traitement du gaz carbonique rejeté par notre organisme pendant la respiration. Il s'agit de capter le CO_2 par des systèmes de cartouches chimiques pour ensuite le chauffer à très haute température. Le processus permet ainsi de casser la molécule pour former d'un côté le carbone et de l'autre l'oxygène.

Le voyage dans l'espace pose en revanche un problème majeur ; celui de l'exposition aux radiations qui parcourent en permanence le vide spatial. « *Elles sont le fait de particules très énergétiques, en raison de leur vitesse ou parce qu'elles sont lourdes* », commente le planétologue François Forget. Ces menaces ont deux visages différents. Il y a d'abord les particules qui proviennent du Soleil, en particulier pendant les épisodes d'éruption de notre étoile, qui provoquent la projection de bouffées de protons. « *À cela s'ajoute le rayonnement cosmique, qui vient de toutes les directions de la Galaxie*, reprend François Forget. *Lui aussi est dangereux pour des humains dans l'espace, typiquement pendant un voyage entre la Terre et Mars.* » En effet, ces particules énergétiques pénètrent l'organisme où elles dégradent l'ADN de nos cellules et peuvent même être cancérigènes. « *Cela concerne la probabilité de survenue d'un cancer dans les trente ans à venir* », précise Francis Rocard. Certains experts estiment que la dose limite pourrait être atteinte dès le voyage aller. Très problématique donc, même si on évoque là un danger sur le long terme.

Dans certaines circonstances, l'issue peut être bien plus foudroyante. Ainsi, au cours d'une grosse éruption solaire, les quantités de rayonnement émis sont telles qu'elles peuvent endommager et détruire les protéines, les lipides du corps humain et l'ADN. Au point que cela peut provoquer la mort en quelques jours ou, pire encore, en seulement quelques heures ! L'activité solaire varie et est particulièrement intense tous les onze ans ; il peut y avoir des éruptions solaires majeures durant ces périodes. Heureusement, les colères du Soleil sont prévisibles ! Depuis la Terre, les scientifiques peuvent établir une sorte de météo solaire. L'idée est qu'elle pourra, plus tard, se traduire dans le cadre d'une mission martienne par la diffusion de bulletins d'alerte à l'attention des astronautes. Ils pourront alors se protéger au sein d'endroits spécialement conçus à cet effet dans le vaisseau : ces cachettes devront avoir des parois remplies de matériaux riches en hydrogène, un élément qui a la capacité d'absorber ces rayonnements. Les réservoirs d'eau, par exemple ! Voire les aliments surgelés, dont il est certain qu'il faudra en stocker des masses pour un tel voyage. Alors la vie sauve grâce à des carrés de poissons congelés, voilà la grandeur et la servitude des futurs conquérants de Mars.

La Lune pour préparer Mars

Il n'y aura finalement pas d'astéroïde dans le coup. L'un de ces cailloux cosmiques aurait pourtant pu être le marchepied pour Mars. Cette possibilité de réaliser un vol habité en passant par un tel astre a été sérieusement étudiée par les ingénieurs de la NASA. Et finalement abandonnée pour lui préférer un retour d'étape… sur la Lune. *« C'est clairement un retour sur la Lune pour Mars »*, précise Francis Rocard. L'idée est de séjourner sur notre satellite pour y développer étape par étape tous les outils, tous les véhicules, toutes les technologies qui vont être nécessaires pour faire le grand saut, et envoyer des humains sur la planète rouge.

Sur cette question de l'étape lunaire, une idée fausse a la peau dure. Elle consiste à dire que pour aller sur Mars il serait commode de décoller depuis la surface sélène. *« Mais ce ne serait pas très malin de faire cela,* commente Rocard. *La Lune constitue un "puits de potentiel" : il faut de l'énergie pour s'arracher de sa gravité. »* Non, les ingénieurs en sont convaincus : il est plus intelligent de partir de l'orbite lunaire pour se lancer dans le grand voyage. Sur le plan énergétique c'est plus favorable : la quantité nécessaire pour s'arracher de l'orbite lunaire et filer vers la planète rouge est bien moindre qu'avec un décollage depuis le sol. Il s'agit ensuite de faire un survol bien ajusté de la Terre afin de courber la trajectoire de la fusée pour ensuite l'orienter vers Mars.

Pour comprendre la décision de ce passage par la Lune, il faut revenir quelques années en arrière. En juin 2014, le rapport « *Pathway to exploration* », commandé par le Congrès américain au NRC[14], livre ses conclusions. « Pathway » comme « itinéraire », pour ce document citant les différentes options pour tailler la route vers Mars. Dix-huit mois plus tard, la NASA prend une décision stratégique majeure : la station *Gateway*. *« Le feu vert a été donné en 2015 pour cet équipement en orbite de la Lune, initialement pensé comme une station relativement importante constituée de l'assemblage de 11 modules. De quoi imaginer un outil de coopération internationale extrêmement puissant, un peu comme l'ISS »*, reprend Rocard.

Mais Donald Trump, devenu président des États-Unis, a mis les pieds dans le plat, disant en substance : *« Votre* Gateway *ne m'intéresse pas, moi ce que je veux, c'est envoyer des hommes sur la Lune dès 2024. »* L'élu

14. Le NRC (National Research Council) est le Conseil national de la recherche des États-Unis.

républicain a alors signé un acte enjoignant la NASA de préparer *Artemis*, le programme *Apollo* du XXIe siècle.

L'Agence spatiale américaine s'est ainsi retrouvée tourneboulée dans ses plans. Mais elle n'a pas eu le choix. Étant dépendante du Congrès et du président, la NASA a dû accepter ce changement de braquet et opérer dès lors un basculement de l'effort spatial américain de *Gateway* vers *Artemis*. Le projet de station lunaire n'a pas été annulé, mais sa voilure singulièrement réduite. « Gateway *a rapetissé, passant de 11 éléments à trois ou quatre* », reprend Rocard. La *Gateway* se résume désormais en un module logistique aux très grands panneaux solaires fournissant l'électricité pour délivrer la propulsion et les communications, un module d'habitation et un module de connexion avec les vaisseaux qui rejoindraient la station. « *C'est très modeste* », reprend le spécialiste. Elle devrait néanmoins bel et bien être construite, comme le souligne François Forget : « *Les contrats ont été passés. Il faudrait vraiment un revirement politique au Congrès pour que la NASA y renonce.* »

En lançant *Artemis*, la NASA a dès lors enclenché une saga mouvementée afin de sélectionner l'industriel chargé de construire le fameux *Human Landing System*. « *Ce système d'atterrissage sur la Lune, c'est la difficulté d'*Artemis. *Il s'agit de concevoir le LEM du XXIe siècle* », insiste Rocard, faisant référence au module lunaire ayant permis aux astronautes d'*Apollo* de faire l'aller-retour entre leur véhicule, resté en orbite lunaire, et le sol. Voilà l'entrée en jeu d'Elon Musk.

La NASA avait d'abord dit qu'elle sélectionnerait deux industriels pour la phase finale de cette compétition. Moyennant quelques centaines de millions de dollars chacun, les deux concurrents devaient pousser les développements de leurs idées respectives. De quoi permettre ensuite à l'Agence spatiale américaine de stimuler l'émulation afin de choisir *in fine* le meilleur dispositif. Néanmoins, l'histoire ne s'est pas passée ainsi. Notamment pour des questions de réductions budgétaires au Congrès, poussant la NASA à changer d'approche au milieu du gué, choisissant son préféré sans passer par une étape intermédiaire. Et ce fut SpaceX.

Coup de tonnerre dans le Landerneau ! Car la société de Musk était loin d'être donnée gagnante, le look vintage du *Starship* jouant sans doute en sa défaveur aux yeux des spécialistes. « *Quand vous la voyez posée à la verticale avec ses 40 mètres de haut et son ascenseur à astronautes, c'est vraiment la fusée de Tintin* », plaisante Rocard. Ses concurrentes, les sociétés Blue Origin — celle de Jeff Bezos — et Dynetics, avaient, elles, adopté un design beaucoup plus sage : des modules à deux étages, avec de petites échelles de quelques marches. Pourtant, le comité de sélection a retenu le projet de SpaceX, parce qu'il satisfaisait à trois arguments majeurs stipulés dans le cahier des charges.

Première case cochée : les performances. L'appareil sélectionné devait être capable de transporter 10 tonnes de charges utiles selon les desiderata de la NASA ; le *Starship* promet quant à lui d'embarquer 100 tonnes de matériel. « *Un gain absolument considérable,* commente Rocard. *Avec une telle capacité d'emport, vous pouvez faire en une seule mission ce qui aurait été fait en quatre ou cinq fois avec une fusée à 10 tonnes de charges utiles.* »

Le deuxième argument en la faveur du *Starship*, c'est son prix. SpaceX n'est pas cher. En gagnant la compétition, la NASA lui alloue un budget de 2,9 milliards de dollars ; les experts estiment qu'entre son projet et ceux de ses concurrents les prix allaient du simple au double.

Enfin, le troisième argument, très important pour tous les appels d'offres de la NASA, est ce qu'on appelle le « TRL », c'est-à-dire le « *Technology Readiness Level* ». Cette « Échelle de maturité technologique » est une notion spatiale extrêmement importante, utilisée en permanence dans toutes les agences du monde. « *Quand une proposition technique nous est faite, nous demandons de la justifier en donnant le niveau de TRL de ce qui est proposé* », explique Rocard. Il s'agit d'un chiffre qui varie de 1 à 9. La valeur la plus haute signifiant « ça a déjà volé ». Façon de dire que le risque technologique est nul ; ça marche déjà. « *Typiquement, dans les appels d'offre d'aujourd'hui, quand on est en dessous de TRL 5, c'est vraiment un souci, cela veut dire que l'on a des risques technologiques importants.* » Et qui dit risques technologiques dit surcoût et retard potentiels.

Dans le cas du « squid game » entre SpaceX, Blue Origin et Dynetics, *« il n'y a pas photo si on compare les TRL,* complète Rocard. *Celui de SpaceX est supérieur aux autres parce que ses essais ont déjà commencé. Il y a des crashs, certes, mais des tests ont eu lieu, alors que pour les deux autres il n'y a que du papier ».* Performance, coût et TRL, ces trois arguments combinés, couplés à la contrainte budgétaire du Congrès ont donc conduit très naturellement à sélectionner SpaceX pour l'aventure lunaire.

Un choix resté en travers de la gorge de Jeff Bezos, évidemment. Il a porté l'affaire devant les tribunaux, déposant en août 2021 une plainte contre la NASA (déboutée en novembre de la même année). Selon Blue Origin, cette action en justice était *« une tentative de remédier aux failles du processus d'acquisition constatées dans le système d'atterrissage humain de la NASA ».* Toujours en août, le milliardaire chauve enfonçait le clou en faisant publier par le site de Blue Origin une infographie qualifiant le projet lunaire de SpaceX d'*« immensément complexe et à haut risque ».*

Pour comprendre les arguments de Bezos, il faut savoir que le *Starship* de SpaceX en partance vers la Lune doit d'abord faire un stop en orbite basse de la Terre. En effet, le décollage depuis le plancher des vaches est si gourmand en énergie que la navette, arrivée à cette étape, n'aura plus assez de jus pour continuer sa route. Elle doit donc y faire le plein. Selon Musk, ce « *refueling*[15] » en altitude est un argument très fort pour justifier de l'efficacité de ses lancements. Mais comment faire le plein, et remplir les réservoirs du *Starship* d'ergols, ces substances que brûle la fusée pour se déplacer ?

Réponse : le *Starship* pour la Lune doit être rejoint en orbite terrestre par d'autres *Starship*, jouant les camions-citernes : ils lui fourniront de quoi remplir ses réservoirs. Combien en faudra-t-il ? Jusqu'à 16, selon le document diffusé par le patron

15. SpaceX préfère maintenant parler de « *refilling* » plutôt que de « *refueling* » pour mettre en relief le fait que près de 80 % de la masse d'ergols est en fait de l'oxygène, de façon à minimiser l'aspect environnemental de l'utilisation du méthane.

d'Amazon. Chacun de ces engins de ravitaillement ne peut en effet transmettre au *Starship* en orbite basse qu'une partie des ergols qu'il convoie, puisque lui-même a besoin de carburant pour s'arracher à l'attraction terrestre. Imaginez que ce soit 1/16 de ce qu'il transporte, eh bien il faudra 16 *Starship* pour faire le plein ! Et 16 lancements, c'est 16 fois le risque de connaître un incident au décollage, à l'amarrage, pendant le transfert des ergols. Mais SpaceX ne l'a pas confirmé et *« c'est peut-être une exagération de Jeff Bezos »*, sourit Richard Heidmann[16].

Il n'en reste pas moins que le scénario du retour à la Lune façon *Artemis* paraît tarabiscoté. On l'a dit, il faut d'abord que décolle de la Terre un premier *Starship*, composé de ses deux étages, le lanceur *Super Heavy* et le *Starship* à proprement parler — ce deuxième étage est appelé *Starship HLS*, comme *Human Landing System*, puisque c'est celui qui devra *in fine* se poser sur la Lune. Lorsqu'il quittera notre planète, le vaisseau sera vide : les astronautes n'y seront pas encore et arriveront plus tard. Arrivé en altitude, le *Super Heavy* libérera le *Starship HLS* pour qu'il se place en orbite basse de la Terre. Là, il se placera en stand-by et attendra l'arrivée d'un *Starship* de ravitaillement qui lui fournira une fraction des ergols nécessaires au voyage vers la Lune avant de revenir sur Terre, et la ronde continue ! Envoi d'un deuxième *Starship* ravitailleur... jusqu'à 16 fois selon Bezos. Lorsque le plein sera fait, le *Starship HLS* filera vers la Lune. Il se placera sur son orbite. Et il attendra...

Et qu'attendra-il ? Les astronautes, pardi ! Ceux-ci seront partis de Terre à bord de la capsule *Orion*[17] portée par l'immense fusée *SLS* (*Space Launch System*) de la NASA. Laquelle est suffisamment

---

16. Les arguments de Bezos ont-ils porté ? En mars 2022, la NASA a annoncé qu'elle allait finalement sélectionner une seconde entreprise pour développer un autre alunisseur, en plus de celui de SpaceX. Voir le communiqué de l'agence : https://go.nasa.gov/3OVeQ8R

17. La capsule *Orion* devra fonctionner avec le ESM (European Service Module, le module de service) — à l'instar de celui qu'avait *Apollo* — qui fournira alors, avec l'aide de l'Europe, la puissance électrique, les panneaux solaires ainsi que la propulsion pour notamment quitter l'orbite lunaire et revenir vers la Terre.

puissante pour larguer *Orion* en orbite de la Lune, où celle-ci pourra s'amarrer au deuxième étage du *Starship*. Dès lors, les astronautes seront transférés d'*Orion* au *Starship* ; le premier restera en orbite lunaire tandis que le second, qui fera office d'alunisseur, viendra se poser sur la Lune, à la verticale. Comme la fusée de Tintin, effectivement. Une fois la mission au sol terminée, elle redécollera pour se « docker » à nouveau à *Orion*. Encore un transfert d'astronaute, du *Starship* à *Orion* cette fois, cette dernière revenant seule vers la Terre.

Que devient alors le deuxième étage du *Starship* ? Eh bien, il est perdu, demeurant en orbite lunaire, à l'instar de la fusée dans *De la Terre à la Lune*, de Jules Verne. Ou peut-être se reposera-t-il sur le sol sélène, où il pourrait faire office de base lunaire au sol ? Quant à la *Gateway*, son rôle à cette heure demeure… à 100 % flou. Ce scénario d'un retour à la Lune peut en effet se passer sans la station orbitale lunaire, mais elle pourrait aussi l'intégrer : *« Tout dépend de la vitesse d'avancement des différents acteurs impliqués*, souligne Philippe Clermont, président de l'Association Planète Mars. *Si Musk va vite dans le développement du* Starship, *ce serait un argument pour se passer totalement de la* Gateway. »

Ce ne sera qu'en 2025 ou en 2026 que nous devrions en avoir le cœur net, puisque tel est le calendrier avancé pour ce retour habité à la Lune, autrement dit *Artemis 3*. Avant lui, les opus 1 et 2 devraient se dérouler avec le seul *SLS* de la NASA. Il s'agira avec eux de placer *Orion* en orbite de notre satellite ; SpaceX n'entrerait en jeu que pour *Artemis 3*. L'année 2022 est déterminante, puisqu'elle devrait marquer le premier lancement de la *SLS* comme le premier vol orbital du *Starship*. L'un et l'autre ont été ajournés de nombreuses fois. Le retard du côté de SpaceX s'explique en partie par l'attente du feu vert pour faire décoller le *Starship* depuis le pas de tir de Boca Chica, au Texas. Cette autorisation dépend de la Federal Aviation Administration (FAA), l'agence gouvernementale chargée des réglementations et des contrôles concernant l'aviation civile aux États-Unis, qui s'interrogeait sur les conséquences qu'un dysfonctionnement du vol, et particulièrement une explosion sur le pas de tir, pourrait provoquer sur les alentours[18].

Une fois le programme *Artemis* enclenché, la question sera ensuite de savoir faire le basculement vers la planète rouge. Viendra en effet un moment où il faudra se retrousser les manches et dire : « Mars : on attaque ! »

L'impossibilité d'une île

« Parmi toutes les planètes de tous les systèmes de toute la Galaxie [...], il fallait qu'il tombe justement dans ce trou [...] ! Même pas un marchand de hot dogs en vue ! » c'est ce que grommelle Ford Prefect sur la planète Margrathea dans *Le Guide du voyageur galactique* de Douglas Adams, l'un des livres de SF culte d'Elon Musk. Inutile de sortir du Système solaire pour dénicher un tel no man's land. Sur la planète rouge aussi, c'est la zone. *« Sur Mars, il n'y a rien qui soit compatible avec une forme de vie terrestre »*, résume Michel Viso.

L'un des problèmes — majeurs — pour de futurs astronautes est l'accès à l'eau. Grâce aux rovers qui crapahutent à la surface de Mars, nous nous sommes familiarisés avec les paysages désertiques caractéristiques de la planète rouge. Mais il n'en a pas toujours été ainsi. Comme toutes les planètes du Système solaire, Mars est vieille de 4,5 milliards d'années. Or *« pendant le premier milliard d'année, il y a eu des périodes de temps avec des étendues d'eau liquide à la surface de Mars »*, explique François Forget. La présence de rivières ou de lacs n'a sans doute pas été permanente pendant ce premier âge martien. *« Il est possible que cela ait été extrêmement épisodique, avec quelques phases transitoires, suite à des impacts ou des éruptions volcaniques. Cela permettrait d'expliquer l'essentiel de ce que l'on voit dans les archives géologiques, c'est-à-dire de grandes quantités de sédiments et des preuves d'érosion importante »*, reprend le membre de l'Académie des sciences.

Mais ne vous mettez pas en tête que Mars serait comme un paradis perdu, oasis humide, qu'un événement catastrophique aurait fait

18. À ce sujet, lire l'article de Jeff Foust dans *Space Review* : https://www.thespacereview.com/article/4311/1

basculer dans l'assèchement. *« L'aridité de Mars paraît avoir été une constante,* reprend Forget, *et la disparition des eaux de surface a dû se produire graduellement. »* Mais tout n'est pas clair. Ainsi, les mécanismes climatiques ayant permis qu'il fasse assez chaud sur Mars, avec une pression atmosphérique suffisante pour que l'eau liquide y existe en surface, demeurent une énigme scientifique.

Aujourd'hui, les conditions ne sont plus réunies. L'atmosphère martienne est si fine que la pression exercée sur le sol, de l'ordre de 6 millibars contre 1 000 sur Terre, est insuffisante pour que « l'or bleu » existe à l'état liquide en surface. Les modélisations montrent que c'est carrément impossible sur plus de la moitié de la planète. Même dans les vallées les plus profondes, c'est-à-dire au-dessus desquelles la couche d'atmosphère est la plus épaisse, un verre d'eau posé à même le sol s'évaporerait à grande vitesse. *« La théorie nous dit qu'il est invraisemblable que l'on trouve de l'eau liquide en surface de Mars, et les différents outils d'observation dont nous disposons, comme les sondes martiennes, ne nous ont jamais permis d'en voir »*, assène Forget.

L'espoir d'en dénicher avait pourtant été vif encore récemment. Peut-être vous souvenez-vous du buzz de tous les diables généré par une annonce de la NASA il y a quelques années. Le 28 septembre 2015, l'agence avait en effet annoncé que de l'eau liquide apparaissait régulièrement à la surface de Mars. Une incroyable découverte, adossée à la publication d'un article scientifique par le journal *Nature Geoscience*. *« Visible depuis l'espace, ce phénomène se caractérise par l'apparition de stries sombres pendant "l'été martien", une période durant laquelle la température grimpe entre -20 °C et quelques degrés au-dessus de zéro. Ces formations sont connues sous le nom de Recurring Slope Lineae (ou RSL) »*, écrivions-nous à l'époque sur le site de *Sciences et Avenir*[19].

Ces traces brunes qui évoquent des écoulements avaient été filmées par la caméra HiRISE de la sonde *Mars Reconnaissance Orbiter*. *« On a cru un temps qu'elles faisaient intervenir des saumures, donc de l'eau liquide en solution avec des sels,* commente François Forget. *Mais cet*

19. Lire l'article d'Erwan Lecomte publié peu de temps après l'annonce de la NASA : https://bit.ly/3ycExvz

article a depuis été réfuté : on sait désormais que les RSL sont un phénomène complètement sec. »

Une autre discussion quant à la possibilité de l'eau liquide sur la planète rouge tenait à la détection de ravines, *gullies* en anglais. Il suffit de taper ce mot associé à celui de « Mars » sur Google Images pour découvrir ces images très spectaculaires : la ressemblance avec les érosions tracées dans le sol par des ruisseaux est frappante. On jurerait qu'ils ont creusé le flan de certains cratères martiens. *« Cela se voit essentiellement sur les pentes orientées vers les pôles aux moyennes latitudes »*, commente le planétologue.

L'image est belle, « instagrammable » dirait-on même, mais les apparences, évidemment, sont trompeuses. La plupart des experts considèrent désormais que ces ravines n'ont pas été creusées par un écoulement d'eau liquide. Elles seraient plutôt provoquées par la sublimation de la glace carbonique : quand le CO_2 solide se transforme en gaz, cela peut donner lieu à de tels phénomènes. *« Mais cela se passe à -135 °C et il n'y a pas du tout d'eau liquide impliquée »*, reprend Forget. S'il existe encore quelques irréductibles qui associent les ravines à l'eau, ils estiment toutefois que le phénomène n'a plus cours aujourd'hui et qu'il se serait produit voici maintenant plusieurs millions d'années.

Exit donc les deux grands arguments récents pour la présence d'eau liquide sur Mars. Non, s'il y a bel et bien de l'eau à la surface de la planète rouge, ce n'est que sous forme de glace. Et il y en a beaucoup. Les plus manifestes, ce sont *« les dépôts sédimentaires stratifiés polaires »*, explique Forget. Autrement dit, les immenses glaciers formant des calottes aux pôles de Mars. Elles sont maousses : environ 1 000 km de diamètre pour 2 à 3 000 km d'épaisseur. Le panorama est particulièrement spectaculaire au pôle Nord où l'on peut voir la glace, blanche, interagir avec l'atmosphère. Au pôle Sud, le gros glacier le plus ancien est enterré sous des sédiments ; à certains endroits, il gît sous une calotte de glace carbonique résiduelle.

Que d'eau, que d'eau (glacée) ! Nous n'avons néanmoins pas encore fait le tour des glaçons martiens. *« Entre les moyennes latitudes et jusqu'aux pôles, de grosses couches d'eau glacée reposent sous le sol, isolées de l'atmosphère par quelques centimètres de sable* », décrit Forget. Ces gisements souterrains ont par exemple été identifiés par la sonde *Mars Odyssey*, lancée en 2001, depuis l'orbite martienne. Au vu des indices recueillis, la NASA a posé, en 2008, la sonde *Phoenix* dans la région de Vastitas Borealis : elle a rapidement confirmé que sous elle, en dessous de quelques centimètres de sable, il y avait de la belle glace blanche, presque pure. « *Ces nappes de glace souterraines pourraient faire, en certains endroits, des dizaines de mètres d'épaisseur* », explique le scientifique.

Enfin, des glaciers rocheux existent sous toutes les latitudes de la planète. Comme sur Terre, leurs écoulements ont formé des moraines ; ils sont isolés de l'atmosphère par des cailloux, du sable et des sédiments… Toute cette glace indique bien que sur Mars, mieux vaut prévoir son chandail. À l'inverse des robinets, le rouge de la planète est donc synonyme de froid. Puisque Mars est une fois et demie plus éloignée du Soleil que la Terre, chaque mètre carré de sa surface reçoit moins de la moitié de la chaleur dont on bénéficie sur la planète bleue. Du coup, les températures y sont beaucoup plus basses en moyenne. « *Sur une grande partie de la planète, sous les tropiques et même aux latitudes moyennes, la température de surface dépasse 0 °C l'après-midi et chute jusqu'à -80 °C ou -90 °C pendant la nuit,* explique Forget. *Voilà le climat typique de Mars, qui fluctue selon la saison.* »

Car il y a bien des saisons martiennes. Quatre, comme sur Terre. La raison en est qu'à l'instar de la planète bleue, sa voisine, la planète rouge, tourne, elle aussi, sur elle-même selon un axe de rotation incliné ; 25,2° pour Mars, 23,44° pour la Terre. Puisque la planète Terre a une orbite presque circulaire autour du Soleil, les saisons sont de durées à peu près égales. Mars, quant à elle, tourne autour du Soleil en décrivant une ellipse plus marquée. Son hémisphère sud est ainsi bien plus près du Soleil durant le printemps et l'été que lorsque son hémisphère nord connaît ces saisons. Résultat : en été, le pôle Sud reçoit près de 50 % d'énergie solaire en plus que le pôle Nord. Les températures de l'hémisphère sud y sont en moyenne plus clémentes. Également en raison de l'excentricité de l'orbite martienne, la planète tourne plus vite autour du Soleil dans la période où elle en est le plus proche. De fait, les durées de ses saisons sont inégales.

Le printemps et l'été de l'hémisphère sud sont plus courts que ceux de l'hémisphère nord.

La chute vertigineuse des températures que l'on constate entre le jour et la nuit — autour de 100 °C — s'explique aussi par la faible densité de l'atmosphère ; elle est en effet trop faible pour emprisonner la chaleur de la journée et la redistribuer vers le sol la nuit. La faible densité de l'atmosphère martienne joue aussi sur une autre caractéristique iconique de la planète rouge : ses tempêtes. Dans le film de Ridley Scott *Seul sur Mars*, elles sont sacrément impressionnantes. En réalité, le vent à hauteur d'astronaute atteint souvent plus de 100 km/h (environ le seuil pour soulever de la poussière). Mais un astronaute ne sentirait pas grand chose, car la densité de l'air est cent fois plus faible que sur Terre. *« En revanche, le vent peut soulever des poussières minérales en grande quantité. Cela provoque des tempêtes où, si l'on était à l'intérieur, il ferait presque nuit »*, explique François Forget.

Le sable martien est une vraie menace pour les panneaux solaires, qui pourraient au moins en partie fournir en énergie les équipements des astronautes. La sonde *InSight*, envoyée par la Nasa sur Mars en 2018 pour en ausculter les entrailles *via* les enregistrements de ses ondes sismiques, pourrait ainsi cesser de fonctionner en 2022 parce que ses panneaux sont ensablés. Par ailleurs, si ces particules minérales sont projetées à plus de 100 km/h, il y a de quoi faire un sablage avec de vraies capacités à éroder le relief… ou les bases des astronautes. *« Même si ce ne sont que des poussières de l'ordre du micron et pas du tout des grains de sable. Voilà vraiment une différence entre* Seul sur Mars, *où l'on a l'impression de voir voler des graviers, et la réalité »*, s'amuse François Forget. La force du vent n'a pas de quoi faire valser Matt Damon. Elle pourrait en revanche déstabiliser des éléments légers, comme par exemple une antenne de transmission. Et une fois qu'un objet est soulevé, il va à la vitesse du vent, donc potentiellement assez vite… Passant sur Mars, prends garde à ton chapeau !

La colonisation ? Pas gagné…

En avant Mars ! Le mouvement est enclenché et l'exploration humaine de la planète rouge aura bien lieu. *« La NASA veut y aller, le Congrès et la Maison-Blanche aussi, il y a vraiment un consensus transpartisan aux États-Unis pour envoyer l'homme sur Mars »*, commente Francis Rocard. Est-ce la guerre froide que l'on rejoue ? Le contexte politique est effectivement déterminant. L'appétit spatial de la Chine inquiète les États-Unis ; aujourd'hui, les Américains ont un temps d'avance, mais s'ils s'endorment sur leurs lauriers c'est au risque de se faire dépasser.

« En juin 2021, lors de la Global Space Exploration Conference[20] *de Moscou, le directeur chinois de la société publique CALT — China Academy of Launch Vehicule Technology — a fait sensation en annonçant que son pays voulait envoyer un taïkonaute sur Mars dès 2033 »*, raconte Philippe Clermont. La date est-elle crédible ? L'échéance lunaire, plus proche, est davantage vraisemblable ; la station lunaire que Pékin veut construire sur le sol sélène, en partenariat avec la Russie, devrait être opérationnelle dès 2027, pouvait-on lire dans le *South China Morning Post* du 29 décembre 2021, citant les responsables du programme spatial chinois. Soit huit ans plus tôt que ce que prévoyait le précédent agenda[21].

D'un point de vue scientifique, la présence humaine sur Mars ouvrirait des perspectives magnifiques. *« Un géologue humain ferait en un jour ce qui prend trois mois à un robot »*, résume Philippe Clermont. De son côté, François Forget ne manque pas d'idées quant à des expériences que les machines seules ne peuvent pas faire : *« Par exemple, un forage de plusieurs kilomètres de profondeur. Cela permettrait peut-être d'atteindre des nappes d'eau liquide. Or, sur Terre, ce type de structures hébergent des bactéries. Est-ce que ce pourrait être la même chose sur Mars*[22] *? »*

Le scientifique précise aussitôt que, de son point de vue, la recherche scientifique seule ne peut pas justifier le voyage. *« Je suis plutôt sensible au fait que notre civilisation, en mettant la priorité sur d'autres enjeux, comme la lutte contre la pauvreté et la maladie ou la sauvegarde de la planète, puisse entreprendre une exploration si extraordinaire, et pour un*

20. Les infos sur la GLEX sont en ligne : https://bit.ly/39GrJDu
21. La base sera dans un premier temps inhabitée : https://tinyurl.com/3da4u6e4
22. Dans un entretien vidéo diffusé en janvier 2021 sur la chaîne Twitch de *Sciences et Avenir*, François Forget avait aussi évoqué ce scénario : https://tinyurl.com/yc2br5p3

budget de la NASA ou de l'ESA à peine plus élevé que ce qu'il est aujourd'hui. » À cette même question de « Pourquoi explorer Mars ? », Francis Rocard reprend la réponse de l'alpiniste George Mallory à qui l'on demandait ses motivations pour explorer l'Everest : *« Parce qu'il est là ! »*

Mais comment évoluer dans cet environnement hostile ? L'atmosphère martienne, essentiellement composée de CO_2, est dénuée d'oxygène : il faut un masque pour respirer et la faible pression rend le scaphandre absolument nécessaire pour toute sortie. *« Il est envisageable d'envoyer sur Mars des équipages d'explorateurs pour vivre dans une station martienne, étanche, fermée, du type de la station* Concordia *en Antarctique,* explique Michel Viso. *On pourra y séjourner le temps d'une mission, pendant une durée restreinte, avec des vivres et des équipements apportés par les astronautes depuis la Terre. Éventuellement, il est possible d'avoir un petit complément alimentaire et de recyclage qui soit fait sur place, par des systèmes installés à l'intérieur de cette station-là. »*

Des expérimentations de cet ordre-là sont déjà menées dans la Station spatiale internationale. Tel est d'ailleurs l'enjeu du système Veggie qui y a été installé en 2015. Cet incubateur a permis de faire pousser des salades, des fleurs, et même des choux ! Certains végétaux ont été dégustés par les astronautes ; pas de quoi faire bombance, mais c'est déjà un début.

L'entraînement pour la planète rouge se traduit aussi par des simulations d'exploration menées sur Terre. Il s'agit de faire « comme si », au sein d'environnements semblables à ceux qui existent chez notre voisine. , ou qui reproduisent le voyage au long cours dans l'espace. Ainsi, pour la mission Mars500, six personnes — dont le Français Romain Charles, ingénieur de l'ESA — ont passé 520 jours confinés dans une simili-station spatiale : une structure de 550 m^3 à l'institut russe des problèmes biomédicaux (IBMP) qui se trouve dans la région de Moscou. Pour s'approcher de ce que sera l'exploration de Mars, il y a aussi les missions dites « analogues » du programme HI-SEAS financé par la NASA. Elles sont organisées à Hawaii dans un environnement volcanique évoquant celui de notre voisine. Ainsi, HI-SEAS IV, entre août 2015 et août 2016, a permis de s'entraîner à passer un an à la surface de Mars !

Aux États-Unis, c'est la désormais fameuse Mars Society qui a établi sa propre base martienne dans le désert de l'Utah. La Mars Desert Research Station (MDRS) est installée dans un site rocheux, accidenté, tout en nuances de rouge et de brun : on jurerait un panorama martien. Le sentiment d'isolement est total dans cette station à plusieurs heures du premier hôpital. Elle est composée de plusieurs bâtiments et équipements ; il faut commencer par citer — à tout seigneur tout honneur — le Musk Observatory, autrement dit une station d'observation du Soleil financée par SpaceX : encore un signe du lien étroit entre Elon et Robert Zubrin, le patron de la Mars Society.

Parmi les autres modules de la MDRS, reliés entre eux par des sortes de tunnels tubulaires, on trouve un dôme scientifique, sous lequel sont réalisées des expériences de chimie et de géologie, une serre pour cultiver des végétaux ou encore une structure cylindrique qui sert d'habitat aux astronautes « analogues ». En mars 2022, j'ai pu discuter avec deux d'entre eux, les Français Marion Burnichon et François Vinet, tout juste rentrés de leur immersion terrestro-martienne.

La première, 24 ans, est récemment diplômée de l'école d'ingénieurs toulousaine ISAE-SUPAERO et travaille désormais pour OneWeb, la mégaconstellation de satellites en orbite basse de la Terre[23] ; le second, 21 ans, réalise un double diplôme en génie physique à l'école royale de technologie (KTH) de Stockholm, en Suède, en parallèle de sa formation, lui-aussi dans l'école d'ingénieurs. L'établissement toulousain a noué en effet une fructueuse collaboration avec la Mars Society qui se traduit par l'envoi, chaque année, d'un équipage d'étudiants français dans la base de l'Utah[24]. En février 2022, avec quatre autres de leurs camarades, Marion et François ont été volontaires pour participer

23. OneWeb, projet concurrent du Starlink de SpaceX, est impacté par la guerre lancée par la Russie en Ukraine puisque les tirs qui devaient avoir lieu début mars 2022 depuis le pas de tir de Baïkonour au Kazakhstan afin de mettre en orbite de nouveaux satellites ont été annulés.
24. Le voyage des étudiants est aussi sponsorisé par l'Association Planète Mars, l'antenne française de la Mars Society.

à l'expérience. Volontaires, et enthousiastes : *« C'était l'occasion de se mettre dans les chaussures d'un astronaute,* résume la jeune ingénieure. *J'aimerais un jour travailler pour une agence spatiale sur la question des vols habités, et la mission analogue est une magnifique opportunité de savoir ce que l'on peut ressentir pendant ce type d'exploration. »*

Effectivement, une station comme le MDRS est l'environnement idéal pour faire « comme si ». Toute sortie à l'extérieur de la station se fait ainsi en combinaison. Pas exactement celle des astronautes, mais des répliques, avec gros sacs à dos et casques à hublot. *« L'équipement n'est pas hermétique,* précise François Vinet, *il laisse passer le vent et l'air de l'extérieur. La combinaison est aussi dépourvue de système de chauffage et de pressurisation. Mais l'essentiel est ailleurs : la tenue est lourde, encombrante, elle réduit notre visibilité et nous met dans les conditions proches de celles des futurs explorateurs de Mars. »*

La mission dans l'Utah consiste donc particulièrement à mettre les participants dans un état de stress similaire à celui que connaîtront les astronautes sur la planète rouge. D'où le nombre d'expériences qui sont menées sur le « facteur humain ». Elles permettent de travailler sur la dynamique du groupe, le rapport au travail et les fluctuations du moral. *« On peut évaluer l'aspect psychologique de l'exploration spatiale dans des conditions impossibles à retrouver dans un laboratoire classique »*, reprend l'étudiant. Même si vous en avez bavé pendant les épisodes de confinement Covid, dites-vous qu'ici, c'est pire…

La MDRS permet aussi de mener des tests très concrets. Ainsi les explorateurs ont fait pousser du soja — une plante idéale dans le cadre de l'exploration spatiale parce qu'elle est riche en protéines tout en étant peu gourmande en eau par rapport à la production de viande — dans de la terre répliquant celle de Mars : elle a été fabriquée par le Jet Propulsion Laboratory de la NASA à partir des observations faites là-bas par les rovers. Une culture optimisée par l'utilisation d'un engrais spécial fabriqué par une start-up française à partir d'urine : *« Il a vraiment bien fonctionné,* commente Marion Burnichon. *La différence était nette entre la vitesse de croissance des plants de soja avec cet engrais plutôt que sans. »*

Si elle a été exigeante, l'aventure martienne fait pétiller le regard des deux jeunes gens. Faut-il y voir un effet « Musk » ? *« Je trouve que c'est un personnage important,* acquiesce Marion Burnichon. *Il a créé la deuxième course contre la montre pour visiter la Lune. Il est tellement dommage que les derniers hommes à y être allés l'aient fait avant ma naissance ! Alors qu'il y ait quelqu'un de suffisamment créatif et imaginatif pour dire : "Moi je vais le faire, rapidement et moins cher, et en plus on ira sur Mars", c'est formidable. Il entraîne tout le spatial qui, par conséquent, devient plus rapide et flexible. Le dynamisme que le secteur a repris depuis qu'Elon Musk est arrivé, c'est quelque chose de génial. »*

Le créateur de SpaceX a indéniablement fait souffler un vent d'optimisme dans l'aventure spatiale, auquel la nouvelle génération est particulièrement sensible. Même si, à l'instar de ce que laissent paraître Marion et François, on sent poindre une amertume quant au faible engagement du milliardaire sur les malheurs de notre propre planète. *« J'ai l'impression que certains de ses projets sont quand même décalés par rapport à la réalité d'aujourd'hui, marquée par le dérèglement climatique. Vu son talent, il pourrait développer tant de choses utiles... »*, formule François Vinet.

Si le projet martien est dans toutes les têtes, il l'est en particulier dans celle d'Elon Musk. Ses promesses sont récurrentes et illustrent bien sa façon de compresser les calendriers. Et d'orchestrer la fièvre médiatique. En 2016, il a annoncé lors d'une conférence en Californie — la *Vox Media Code Conference*[25], dédiée aux nouvelles technologies — que la colonisation martienne pourrait démarrer au milieu de la prochaine décennie, donnant au passage rendez-vous pour davantage de détails quelques semaines plus tard au 67e Congrès international d'astronautique, qui devait se tenir en septembre de la même année à Guadalajara.

Il y a reçu un accueil de rock star, ainsi que l'a raconté Xavier Pasco, directeur de la fondation pour la recherche stratégique et spécialiste de l'espace dans l'émission *La Méthode scientifique* de France

25. Conférence consultable en ligne : https://tinyurl.com/2p97v6eb

Culture[26] : *« Plusieurs milliers de jeunes Mexicains l'attendaient, certains ont même passé la nuit dans la salle où il allait faire son discours, la police faisant évacuer la salle et, quand les portes s'ouvrent, alors que le discours devait se tenir à 13 heures, les gens courent pour être devant la scène. »* Aux groupies interrogées par Pasco sur le pourquoi de leur présence dès 10 heures du matin, les réponses sont simples : *« On veut le voir ! »*

Les fans de Musk n'ont pas été déçus. Le 27 septembre 2016, à la grand-messe mexicaine, le patron de SpaceX a sorti le grand jeu « cosmiste », dégainant sa fameuse promesse de *« faire de l'humanité une espèce multi-planétaire »*. Il a alors dévoilé son plan de construire un lanceur aux capacités supérieures à celles de *Saturn V*. Cet engin, le plus puissant jamais construit, c'était le futur *Starship*. Un engin spatial capable de transporter fret et passagers vers Mars pour une *« incroyable aventure »*, dont il n'a pas tu la dangerosité : *« Le risque de décès sera élevé, c'est une évidence. La question est : "Êtes-vous prêt à mourir ?" Et si c'est OK, vous êtes candidat au départ »*, affirmait-il en annonçant que le voyage devait être accessible à tous les colons en herbe, pas seulement aux ultra-riches : *« On ne peut pas créer une civilisation autosubsistante si le billet est de 10 milliards de dollars par personne. Notre objectif est de le ramener au coût moyen d'une maison aux États-Unis, soit environ 20 000 dollars*[27]*. »*

Mais à cette époque, le storytelling martien n'en était qu'à ses débuts. Un an plus tard, le 29 septembre 2017, au Congrès mondial d'astronautique à Adélaïde (Australie), le fondateur de SpaceX s'est montré encore plus disert. Il imagine qu'au moins deux *Starship* — qui s'appelaient alors encore les *BFS* — puissent atterrir sur Mars… dès 2022. Leur mission devait être de dénicher de l'eau et de convoyer les infrastructures suffisantes pour assurer la survie en ce milieu hostile afin d'accueillir les premiers astronautes qui y seraient convoyés en 2024. C'est également à l'occasion de ce même congrès australien qu'il avait expliqué que le *Starship* devait en outre permettre des trajets

---

26. L'émission « Qui arrêtera Elon Musk ? » est à écouter en ligne : https://bit.ly/3Fhe9lE
27. Lire l'article d'Erwan Lecomte sur le site de *Sciences et Avenir* : https://bit.ly/38TpH2m

reliant deux destinations terrestres : de quoi imaginer un Bangkok-Dubai ou un Tokyo-New Delhi en seulement trente minutes.

Mais, encore une fois, le temps réel a eu raison du « temps muskien » car, en 2022, l'aventure martienne n'a toujours pas été lancée. Est-ce un dommage collatéral dû à la crise du Covid ? Toujours est-il que l'entrepreneur a, et on le sait désormais, de la suite dans les idées. Et pour cause, il évoquait, le 26 mars 2019 sur Twitter, *« une cité martienne autosuffisante dès 2050 »*. Selon une série de tweets publiés en rafale le 17 janvier 2020, SpaceX aurait, à cette échéance, déjà envoyé pas moins d'un million de terriens sur la planète rouge. Un objectif qui serait atteint à condition de construire pas moins de 100 *Starship* par an. De quoi tenir le rythme démentiel de trois lancements par jour, accessibles à tous ceux qui voudraient tenter leur chance là-bas, d'autant plus que *« Sur Mars, il y aura beaucoup de boulot ! »* claironne Elon.

Un scénario fou, fou, fou… qui fait rire jaune Michel Viso : *« Ce sont des fantasmes d'hommes riches dans des pays riches. »* Et l'exobiologiste de préciser : *« Il faut cependant se méfier des affirmations absolues. Le canal de Panamá, c'était impossible, le voyage sur la Lune aussi... Et on les a faits. En revanche, sur Mars, il y a des choses qui me paraissent aujourd'hui totalement impossibles. »* Contrairement à l'exploration, qui signifie de passer un temps sur Mars avant d'en repartir, la colonisation promise par Musk *« veut dire : un aller simple »*, résume Francis Rocard qui développe : *« Cela me paraît complétement utopique, dans la mesure où vous allez devoir vivre sur Mars comme ont vécu les astronautes d'*Apollo *sur la Lune. Autrement dit, dans une combinaison spatiale et dans des véhicules pressurisés. »*

Sur la planète rouge, impossible effectivement de vivre à l'air libre, de sentir le vent dans sa tignasse, la pluie sur son visage. Il faudra évoluer dans des habitacles fermés, reproduisant une atmosphère riche en oxygène compatible avec notre organisme. Des maisons-boucliers conçues également pour protéger les colons des fameux rayonnements cosmiques *« même si on en reçoit moins sur Mars que dans l'espace,* relève Philippe Clermont. *L'atmosphère de la planète en filtre une partie. Et la planète cache la moitié du ciel à ceux qui marcheraient sur son sol »*. Face à la menace d'un destin troglodyte, où les astronautes en seraient réduits à vivre dans des grottes, l'ancien président (et actuel vice-président) de l'Association Planète Mars, Richard Heidmann, propose de creuser l'hypothèse de maisons munies de verrières qui permettraient quand même de vivre au rythme du Soleil.

Il y a aussi le problème du recours aux ressources vitales... L'eau, bien sûr, dont on a vu qu'elle n'existe de façon certaine que sous la forme de glace. À -80 °C ou -90 °C, ce n'est pas le glaçon que l'on met dans son pastis, mais du béton ! Il ne suffira pas de se retrousser les manches pour l'exploiter. *Quid* aussi des matières premières ? « *Pendant mes conférences, je montre souvent mon téléphone portable pour poser la question : comment on fabrique ça sur Mars ?* » explique Francis Rocard. Certes, les minéraux martiens peuvent être assez riches en métaux ; « *Il y a pas mal d'oxydes de fer, d'aluminium... Les météorites ferreuses s'accumulent aussi à la surface de la planète. Sans doute pas de quoi faire une industrie lourde, mais on peut quand même se débrouiller* », commente François Forget. Mais est-ce que ce sera suffisant ? Faudrait-il amener des précieux constituants de la Terre ? « *Jusqu'à présent, pour faire des réseaux électriques, il faut quand même du cuivre,* reprend Viso. *Sur Terre, c'est déjà une denrée rare. Dans cinquante ans ou un siècle, ce sera pire. Équiper les éventuelles colonies martiennes avec nos propres ressources, cela revient à piller notre planète.* »

Rendre la Terre exsangue pour habiter Mars, l'ironie serait tragique. Comme appuyer sur l'accélérateur par peur de se prendre un mur. Car Elon Musk développe un nouvel argument pour pousser à la colonie de Mars : la Terre serait dans un si mauvais état que nous n'aurions pas d'autre choix que d'aller voir ailleurs. « *Vu ce qu'il écrit sur Twitter, Musk paraît très pessimiste sur l'avenir de l'humanité sur Terre* », confirme Christophe Bonnal. Ainsi, le 24 novembre 2021, le milliardaire tweetait : « *La Terre a environ 4,5 milliards d'années, mais la vie n'est toujours pas multi-planétaire et le temps qu'il nous reste pour le devenir est extrêmement incertain.* »

Ainsi, il semble que Musk prenne le contre-pied de la fameuse formule qu'avait dite l'ancien secrétaire général des Nations unies Ban Ki-moon lors de la Semaine du climat de New York en 2014 : « *Sur le climat, il n'y a pas de plan B. Car, il n'y a pas de planète B.* » La planète B, c'est Mars ?

Pour vendre l'idée, Elon Musk a repris à son compte un vieux rêve, celui de la terraformation. Autrement dit, la transformation de l'environnement de Mars pour le rendre propice à une vie semblable à celle que l'on connaît sur Terre. En bon geek qu'il est, Musk sait que le projet a été popularisé par l'Américain Kim Stanley Robinson avec sa trilogie *Mars la rouge, Mars la verte* et *Mars la bleue.* « *C'est le grand cycle de terraformation littéraire,* explique Irène Langlet. *Il se déroule sur plusieurs siècles et suit l'installation, la colonisation et la terraformation progressive de Mars.* » Une belle référence, d'autant plus que « *Kim Stanley Robinson est un auteur de hard SF, autrement dit, il s'appuie continuellement, en le revendiquant, sur les connaissances scientifiques et d'ingénierie pour les mettre en œuvre dans ses romans,* reprend l'enseignante-chercheuse de l'Université Gustave Eiffel. *C'est aussi l'auteur qui veut écrire de la SF positive, optimiste, qui ne soit pas de la dystopie et n'alimente pas le raz de marée littéraire et fictionnel post-apocalyptique* ».

Mais alors, comment cela se passerait-il sur Mars ? Plusieurs scenari existent, mais le plus cité consiste à faire fondre les calottes polaires constituées de glace d'eau et de glace carbonique pour ainsi créer de la vapeur d'eau et du gaz carbonique qui viendraient alors « épaissir » l'atmosphère, augmenter l'effet de serre, et générer une pression suffisante pour que la phase liquide de l'eau existe à la surface de la planète. Séduisant sur le papier... « *mais totalement illusoire* », résume Rocard. Même verdict du côté de François Forget : « *Les théories qui avaient été avancées — par très peu de chercheurs — dans les années 1990 ont été complètement réfutées depuis. On sait maintenant qu'il n'y a pas du tout de gaz disponible pour épaissir l'atmosphère de Mars. C'est juste impossible.* »

Pour que la terraformation fonctionne, il faudrait aussi que le réchauffement soit le même sur la globalité de la planète. « *Si je réchauffe un endroit et qu'un autre est froid, alors la matière devenue gazeuse grâce au réchauffement local de l'atmosphère va se balader jusqu'aux zones les plus froides où elle va se condenser à nouveau,* explique Michel Viso. *Obtenir une chaleur uniforme demanderait une débauche d'énergie, je ne vois absolument pas comment, techniquement, aujourd'hui ce serait possible.* »

Elon Musk a pourtant bien une suggestion pour donner un coup de chaud à la planète Mars. Pourquoi ne pas y envoyer… des bombes nucléaires ?! Une solution expéditive, comme il en a le secret, proposée — évidemment — sur Twitter, où il écrivait le 16 août 2019 : *« Nuke Mars! » (« Balancez des bombes nucléaires sur Mars ! »)* Une sortie au goût de remake. Il en avait déjà parlé en 2015 dans l'émission télé américaine *The Late Show with Stephen Colbert*[28]. *« C'est assez peu éthique,* euphémise Francis Rocard. *Les éléments radioactifs vont se disséminer dans l'atmosphère. Jouer à cela me paraîtrait être complètement délirant. »* *« Je pense que c'est une forme de blague ou qu'il n'était pas informé,* plaisante François Forget. *J'espère que quelqu'un lui a dit. »*

Il y a justement eu une voix singulière pour critiquer le projet muskien qui n'a pas dû échapper à l'entrepreneur. Celle de Kim Stanley Robinson, l'auteur de SF précédemment nommé qui, en 2016, livrait ce verdict auprès de Bloomberg[29] : le plan martien de Musk est digne *« d'un cliché de SF des années 1920 »*, précisant en particulier qu'*« il est important de dire que l'idée selon laquelle Mars sera notre canot de sauvetage est fausse, à la fois au sens pratique et moral »*. Il en faudrait davantage pour entamer l'enthousiasme d'Elon Musk.

28. Ce qui avait valu à Musk de se faire traiter sur le ton de la vanne de « super vilain » par Colbert, celui-ci filant la métaphore *tony-starkienne* dans cet entretien diffusé sur CBS. L'extrait est à voir ici : https://bit.ly/3FqTFHd
29. https://bloom.bg/3FhQ8Lp

STARLINK

L'INTERNET MONDIAL TOMBÉ DU CIEL

Voici venu le temps des satellites

C'était il y a un peu plus de soixante ans maintenant. Une éternité à l'échelle des temps muskiens ! En 1957, le tout premier satellite artificiel partait dans l'espace. Depuis là-haut et à partir du 4 octobre, le jour-même de son lancement, *Spoutnik* a émis ses premiers « bip-bip » de légende. Une révolution, un *« Pearl Harbor technologique »* même, selon l'expression employée quelques années plus tard par le *New York Times*[30].

La petite sphère de 58 cm de diamètre pour 83 kg, hérissée de quatre antennes, c'est le coup de maître de l'ancienne Union soviétique. En mettant en orbite de la Terre un dispositif opérationnel, délivrant qui plus est des signaux radio détectables au sol, l'ex-URSS montrait les muscles de sa redoutable avancée technologique dans le domaine du spatial. En ces temps de guerre froide, ce fut un douloureux aiguillon patriotique pour les États-Unis accompagné d'une humiliation à l'échelle internationale. D'où l'investissement bille en tête de l'Oncle Sam dans la course à la Lune, qui s'est concrétisée par les premiers pas de Neil Armstrong (et de Buzz Aldrin, en seconde position) sur le sol sélène, le 21 juillet 1969.

---

30. Un article de James L. Buckley publié dans l'édition du *New York Times* du 23 juillet 1971. Cité par Wikipédia, l'article est disponible en ligne : https://nyti.ms/3LQYCLP

Bref, c'est bel et bien avec un satellite, le tout premier même, que s'est écrite la première page de la conquête de l'espace. Depuis, nous avons basculé dans un nouveau millénaire. L'invasion de l'Ukraine par la Russie est de nature évidemment à redistribuer les cartes géopolitiques, mais avant qu'elle n'éclate on pouvait dire que la guerre froide avait laissé la place à une guerre économique : l'augmentation exponentielle du nombre de satellites gravitant autour de la Terre en est l'un des symptômes. Il y en aurait 4 000 d'opérationnels — une estimation qui ne permet pas de prendre en compte les satellites militaires, dont l'existence demeure secrète. Leur nombre est de toute façon bien supérieur, car il faut prendre en compte ceux qui, s'ils ne fonctionnent plus, sont toujours en orbite.

« *En considérant les satellites opérationnels comme ceux qui ne le sont plus, le nombre de 9 000 est une bonne approximation* », estime l'astrophysicien Fabrice Mottez, directeur de recherche au CNRS à l'Observatoire de Paris. On pourrait s'étonner qu'une ribambelle de satellites bons pour la casse tournent encore au-dessus de nos têtes. La raison en est que leur fin de vie est une question dont les spécialistes se sont longtemps souciés comme d'une guigne. Les ingénieurs considéraient qu'une fois les satellites dans l'espace, ils pouvaient y demeurer *ad vitam aeternam.*

« *À la fin du* XX*e* *siècle, les problèmes d'encombrement d'orbites étaient très abstraits,* confirme le scientifique. *Du coup, il y a beaucoup de satellites qui ne vont pas retomber avant des siècles ou des millénaires parce qu'ils sont à très haute altitude.* » Ce travers a perduré jusque dans les années 1990. On peut le comparer à la façon dont la mer a servi de poubelle à tous les sacs plastiques durant des décennies, avant qu'elle ne devienne le sanctuaire que nous essayons désormais de préserver. Dans l'espace, personne n'entendra klaxonner, pourtant il faut bien désormais parler d'embouteillages.

L'encombrement de l'espace est une vraie source de préoccupation. Car les satellites obsolètes ne sont pas les seuls à surcharger la périphérie terrestre. Il faut aussi compter les déchets spatiaux. Il y en a à foison ; les scientifiques n'en dénombrent pas moins de 100 000 ! On parle bien là d'un capharnaüm de boulons, de plaques métalliques, de bouts d'antennes, et autres étages de fusée… Un méli-mélo flottant dans le silence spatial, dans une ronde perpétuelle autour de la Terre. Et encore, on ne parle là que des objets faisant plus de 10 cm. À des tailles inférieures, il n'est plus possible de les observer aux radars…

On résume : 9 000 satellites, opérationnels ou non, plus de 100 000 débris de plus de 10 cm de long qui flottent autour de la planète bleue[31]. Le fameux *Spoutnik* n'est pas du nombre ; lui a été désintégré en retombant dans l'atmosphère de la Terre car les frottements de l'air y ont provoqué sa destruction par combustion le 4 janvier 1958. Ces objets sont en orbite autour de la Terre, c'est-à-dire qu'ils tournent autour de la planète selon une trajectoire courbe, fermée et périodique.

« C'est en fait une chute permanente, comme quand vous lancez un caillou dans votre jardin, qui fait un vol en forme de parabole avant de retomber au sol », commente l'astrophysicien Jean-Baptiste Marquette, du Laboratoire d'astrophysique de Bordeaux (LAB), Université de Bordeaux-CNRS. Les satellites paraissent eux aussi voler, mais ils ne font que tomber perpétuellement autour de notre planète, attirés vers elle par la force de gravité. S'ils continuent à tourner, c'est parce que ces engins sont mus par la vitesse imprimée au moment de leur largage par la fusée qui les a placés en orbite. Cela fonctionne en tout cas en l'absence des frottements avec l'atmosphère terrestre, c'est pourquoi les satellites doivent être placés au-dessus d'elle. Sa limite étant fixée à 100 km d'altitude, l'orbite basse investie par les satellites les plus proches de nous est située à quelques centaines de kilomètres d'altitude. C'est par exemple à 370 km qu'est placée la Station spatiale internationale, le fameux laboratoire spatial, bel exemple des fruits vertueux d'une collaboration internationale[32]. À cette hauteur, il lui

---

31. C'est un ordre de grandeur. Voici une estimation que m'a transmise Pierre Omaly, expert débris spatiaux au CNES, en avril 2022 : environ 36 500 gros objets de plus de 10 cm flottent dans l'espace. Parmi eux, 25 538 objets sont catalogués (8 491 satellites, 2 287 étages de lanceurs, 14 517 débris). On estime par des méthodes statistiques qu'il y aurait 1 million de débris de plus de 1 cm et 130 millions de débris de plus de 1 mm.
32. L'ISS est la concrétisation du travail conjoint de nombreuses agences spatiales dans le monde. On trouve 11 pays européens, réunis à travers l'Agence spatiale européenne, l'ESA, mais aussi évidemment la NASA des États-Unis, Roscosmos (Russie), JAXA (Japon), AEB (Brésil), ASC (Canada), etc.

faut — seulement — une heure et demie pour faire le tour de la planète bleue.

Plus l'orbite est haute, plus l'objet qui s'y trouve mettra de temps à la parcourir. Ainsi, à 36 000 km d'altitude, les satellites tournent aussi vite que la Terre. C'est pourquoi ces satellites-là, dits géostationnaires, paraissent demeurer fixes au-dessus du point de la planète qu'ils surplombent. Depuis ce nid d'aigle, un satellite profite par ailleurs d'un point de vue particulièrement large sur notre planète : il peut « voir » un maximum de sa superficie. C'est la raison pour laquelle cette orbite géostationnaire a été historiquement utilisée pour les satellites de télécommunication, dédiés à la télévision, à la radio et à la téléphonie.

Mais désormais, le web investit lui aussi les étages inférieurs. C'est en effet l'orbite basse qu'a visée Elon Musk pour y installer sa mégaconstellation de petits satellites fabriqués, lancés et gérés par SpaceX. La raison d'être du réseau Starlink ? Arroser l'entièreté du globe d'une sorte de réseau wifi global. Avec un tel filet, tout le monde, de l'oasis saharien à l'igloo inuit en passant par le voilier perdu au milieu de l'Atlantique, peut avoir accès à ce « *World Wide Web* », qui n'aura alors jamais autant mérité son nom.

La planète empaquetée dans le web

C'est sur orbite basse de la Terre, à 550 km d'altitude, que SpaceX a entrepris de déposer sa constellation de satellites Starlink dédiée au web. Début 2021, l'entreprise de Musk y avait déjà placé 1 800 de ses engins. Question encombrement spatial, nous voilà déjà un cran au-dessus de la population orbitale dénombrée aujourd'hui, et qui chiffrait donc à 9 000 satellites.

« *L'ordre de grandeur n'est pour l'instant pas encore modifié,* commente Fabrice Mottez. *Mais le pire est à venir. Quand Starlink sera en phase opérationnelle, la constellation aura plus que doublé la population du nombre de satellites en orbite de la Terre.* » Car la myriade pleinement déployée devrait en effet être constituée d'au moins 12 000 satellites actifs.

Cet état des lieux, déjà écrasant, ne représente pourtant que l'estimation basse car Elon Musk semble vouloir voir plus grand. Et ne pas s'arrêter à 12 000 satellites. En vérité, les compteurs s'affolent car le nombre de satellites pourrait atteindre… celui de 42 000 ! « *Ce n'est pas une rumeur,* réagit Fabrice Mottez, *mais bien ce pourquoi SpaceX a demandé une autorisation de tir à l'autorité de régulation des États-Unis* », autrement dit la FCC (Federal Communications Commission ou Commission fédérale des communications), l'organisme de régulation des communications radio, télé, satellite, etc.

La FCC a en effet accepté, en avril 2019, le lancement par SpaceX d'une première fournée de 12 000 appareils. En octobre de la même année, la société de Musk a renchéri de 30 000 satellites supplémentaires, une demande que la FCC a alors transmis à l'instance internationale de gestion des fréquences de radiodiffusion, l'Union internationale des télécommunications (UIT), soit l'organisme dépendant de l'ONU qui gère ces demandes à l'échelle internationale[33].

Si l'on en croit ces chiffres, le nombre de satellites en orbite de la Terre pourrait donc plus que quadrupler d'ici la fin de l'installation de la constellation. Mais là encore, les intentions d'Elon Musk demeurent floues. Cette demande d'autorisation relative à 42 000 appareils pourrait en fait intégrer les « pièces de rechange », c'est-à-dire les satellites de remplacement destinés à prendre la place de ceux qui tomberont en panne. En effet, sur une orbite basse, les satellites sont soumis à un taux de renouvellement important. Ils sont à la merci de petits frottements, nés de leurs passages dans des résidus d'atmosphère, et cela participe à accélérer leur retombée sur Terre.

Pour le dire autrement, la constellation Starlink parie sur le jetable. C'est bien l'une des révolutions imposées par Elon Musk : avec lui, le monde du satellite change de paradigme. « *Avant, ce genre d'équipement spatial, c'était l'objet parfait. Il répondait à tous les tests les plus durs, avec une technologie qui avait dix ans de retard parce qu'elle était reconnue pour sa solidité et sa robustesse. Avec Musk, c'est le contraire. Il ne donne pas dans le durable* », reprend Fabrice Mottez.

---

33. Lire à ce propos l'article de *SpaceNews* : « *SpaceX submits paperwork for 30.000 more Starlink satellites* » : https://tinyurl.com/b7f2pdpd

Une approche industrielle moderne où les objets sont fabriqués en masse. Les entrailles du satellite défaillent sous le coup d'une panne fatale ? Ils sont brusquement hors service ? Allez *zou*, on remplace le matériel ! *« Chacun de ces satellites va durer deux ou trois ans, tout au plus. Pour que la constellation Starlink fonctionne, il est donc nécessaire qu'un satellite soit remplacé trois fois sur dix ou douze ans. »* Ce qui plaiderait donc pour le scénario selon lequel la société a demandé trois fois plus d'engins que ce dont elle aura effectivement besoin. Histoire de jouer la redondance, et d'avoir de la marge. *« Mais c'est une déduction personnelle puisque eux ne communiquent pas sur des choses aussi basiques »*, insiste Fabrice Mottez.

Dès septembre 2018, les deux satellites pionniers de Starlink, *Tintin-A* et *Tintin-B*, ont été mis sur orbite (Elon Musk « aime » le héros à la houpette, a-t-il d'ailleurs écrit sur Twitter en janvier 2019) par le lanceur maison, le *Falcon 9*. Moins d'un an après, les 60 premiers éléments de la constellation étaient dans l'espace. Des objets plutôt menus — on parle de « microsatellites » pesant moins de 230 kg, et dont les mensurations évoquent celles… d'une machine à laver. Leur nombre évolue en permanence, et à l'heure où vous lirez ces lignes on aura sans doute dépassé le nombre de 1 800 unités en orbite[34] ; ce n'est qu'en 2025 que la mégaconstellation devrait atteindre son objectif de 12 000 satellites[35].

Installés à 550 km d'altitude, ils devraient occuper 72 plans orbitaux. Préparez-vous à l'idée : à chaque instant, à n'importe quel endroit sur la planète, nous aurons alors en permanence l'un des messagers de Starlink au-dessus de la tête. Condition *sine qua non* pour que Musk atteigne son objectif : couvrir 100 % de la surface terrestre pour offrir un accès au très haut débit jusque dans les endroits les plus reculés du globe.

---

34. *« 1 469 satellites Starlink actifs, 272 en train de se positionner sur leur orbite opérationnelle. Les liaisons laser s'activeront bientôt. »*, écrit Musk dans un tweet du 15 janvier 2022 : https://bit.ly/3ydlaT6

35. Dans un autre tweet, cette fois du 29 mars 2022, Musk promet que la constellation atteindra les 4 200 satellites *« sous dix-huit mois »*, c'est-à-dire fin 2023 : https://tinyurl.com/2hd9w9xb

Avec cet Internet tombé du ciel, le réseau filaire classique devient obsolète… L'argument peut séduire. Car, sans aller jusqu'à rêver de regarder des vidéos YouTube au sommet de l'Everest, beaucoup de zones terrestres rurales n'ont guère d'options quant à un raccordement à bon débit sur le web. L'époque pose le problème avec plus d'acuité que jamais : avec la pandémie et l'explosion du télétravail, la problématique des déserts numériques devient intolérable.

En évitant de se reposer sur des infrastructures terrestres, SpaceX est ainsi à l'abri des casse-tête géographiques. Pas de mer à traverser ou de montagne à contourner. Tsunamis, ouragans ou tremblements de terre, les catastrophes naturelles sont sans effet sur son réseau. Un problème très concret. Ainsi, à la mi-janvier 2022, dans le Pacifique Sud, l'éruption du volcan Hunga Tonga-Hunga Ha'apai a fait des dégâts considérables dans les îles Tonga. À la suite de l'arrachage d'un câble de communication sous-marin, l'archipel s'est retrouvé coupé du web. Les premières estimations de l'ampleur de la catastrophe sont donc arrivées au compte-gouttes, *via* notamment des vols de reconnaissance. La situation n'a pas échappé à SpaceX, qui a fourni aux habitants et jusqu'à réparation du câble un accès gratuit à Starlink : *« Elon Musk ne savait sans doute pas grand-chose des Tonga avant le 15 janvier, mais il a donné avec générosité »*, a commenté le Premier ministre de l'archipel[36]. Le milliardaire a agi de même en Ukraine : après une demande directe du Premier ministre Mykhailo Fedorov, il a fait livrer au pays envahi par la Russie des kits de connexion pour se brancher aux satellites de Starlink.

Outre ces kits de connexion qui sont nécessaires à chaque abonné du réseau — on va y revenir —, Starlink a néanmoins aussi besoin d'infrastructures terrestres. Il ne s'agit pas pour autant d'un maillage serré du territoire puisqu'une centaine d'antennes, seulement, est évoquée à l'échelle du globe. Ces équipements sont le point de jonction entre les satellites et le réseau Internet. « *Les*

---

36. Voir l'article de *Reuters* : https://www.reuters.com/world/asia-pacific/musks-starlink-connects-remote-tonga-villages-still-cut-off-after-tsunami-2022-02-23/

stations terrestres sont connectées aux serveurs Web par la fibre optique : c'est bien nécessaire, il n'y a pas de serveurs dans l'espace », commente Paul Wohrer, spécialiste des questions de sécurité, d'innovation et de hautes technologies spatiales à la fondation pour la recherche stratégique (FRS). Elles servent aussi à gérer les appareils en orbite. Imaginez que là-haut un satellite ait besoin d'une mise à jour de logiciel, eh bien il faut lui envoyer ces données depuis un point terrestre : cela peut être fait depuis ces antennes. SpaceX avait pour projet d'en installer trois sur la métropole : à Graveline (Nord), à Saint-Senier-de-Beuvron (Manche) et à Villenave d'Ornon (en Gironde). Si les deux premiers projets ont été refusés par les municipalités, le troisième, en revanche, a bel et bien été construit. Installé sur un terrain privé, le site est caractéristique, avec ses huit antennes en forme de sphères. Le projet n'a pas donné lieu à un débat municipal, et l'élu d'opposition Yannick Boutot (PRG-le centre gauche) explique avoir découvert les antennes une fois installées : « *Selon le maire, comme le permis de construire était normal, il n'y avait pas lieu de s'y opposer.* » On pourrait croire que SpaceX verse une sorte de redevance à Villenave d'Ornon pour y avoir installé ses antennes et pourtant il n'est en rien, comme le précise le conseiller municipal. Elon Musk dans les murs, cela représente zéro euro et zéro centime pour la commune...

Starlink doit délivrer un service au débit ultra-rapide : de l'ordre de 300 mégabits par seconde, c'est-à-dire dix fois plus que le seuil du très haut débit selon les standards français. C'est d'ailleurs, en partie, parce que les microsatellites sont placés en orbite basse que Starlink peut se la jouer « *fast and furious* ». Lorsqu'il voyage entre la Terre et l'espace, le signal électromagnétique porteur de l'information doit faire un chemin plus court avec un satellite en orbite basse qu'avec les géostationnaires. Ceux-là, installés à 36 000 km d'altitude, ont moins de « répondant ». La latence de leur signal est de l'ordre de 700 à 800 millisecondes : c'est le temps qu'il faut attendre entre le clic sur son écran et le rafraîchissement numérique de l'écran. Avec Starlink, cette latence descend drastiquement, à 25 ou à 35 millisecondes.

Un argument commercial de poids, en ce XXIe siècle obsédé par la vitesse[37].

Le dispositif est désormais disponible : le web satellitaire façon Musk fournit déjà du service dans différentes régions du monde. Les États-Unis et le Canada ont été les premiers servis, mais on peut désormais aussi s'abonner en France depuis mai 2021, l'Autorité de régulation des communications électroniques, des postes et de la distribution de la presse (Arcep) ayant donné son feu vert[38].

D'ailleurs, concrètement, comment ça marche ? D'abord, il faut savoir que le service est encore en Beta, c'est-à-dire pas pleinement opérationnel. L'abonné à Starlink doit acheter un kit intégrant une antenne à installer chez soi. Comptez pour cela plus de 500 euros, auxquels il faut ajouter l'abonnement mensuel, de l'ordre d'une centaine d'euros. Pour voir la bête, il suffit de quelques clics sur YouTube où les vidéos d'« *unboxing* » se ramassent à la pelle. Elles permettent de découvrir cette antenne toute plate, de forme circulaire dans sa première version (environ 60 cm de diamètre) et désormais rectangulaire (50 cm par 30 cm), que l'utilisateur doit poser sur le toit de sa maison ou de son garage.

Comme un tournesol dont l'inclinaison par rapport au ciel varie pour suivre la course du Soleil, l'antenne bouge sur son axe pour faire face aux satellites. Avec cette mise en relation, une connexion Internet est établie. Les satellites communiquent entre eux, en utilisant une bande de radio différente de celle des communications au sol. Les

---

37. Un utilisateur français de Starlink me disait, en avril 2022, se situer plutôt « *à 200 mégabits par seconde en réception de signal. Le débit d'envoi est quant à lui très variable : il passe de 30 à 200 mégabits d'une seconde à l'autre.* » La latence constatée est de l'ordre de 35 à 40 millisecondes, « *ce qui est très correct* », ajoutait-il, précisant que « *le dispositif est très stable, on n'a pas l'impression de communiquer avec l'espace.* »

38. Coup de théâtre début avril 2022 : le Conseil d'État a annulé la décision de l'Arcep qui, le 9 février 2021, avait donné à Starlink l'autorisation d'émettre sur deux bandes de fréquence pour relier ses satellites et les usagers français de la mégaconstellation. Voilà Starlink réduit au silence chez les irréductibles Gaulois. Pour combien de temps ?

modèles de satellites les plus récents de Starlink sont même équipés d'une transmission laser — les données sont encodées sous la forme de pulsations de lumière — pour se « parler » encore plus rapidement. « *Cela consiste à adapter le principe de la fibre optique à l'espace* », commente Paul Wohrer. À l'autre bout, sur Terre, la communication de l'autre utilisateur est permise grâce à sa propre petite antenne directement reliée à un satellite.

STARLINK N'EST PAS LA SEULE MÉGACONSTELLATION

« Il est temps de démanteler Amazon. Les monopoles ont tort. » Ce méchant tweet d'Elon Musk, publié en juin 2020 et visant Jeff Bezos, patron d'Amazon et meilleur ennemi confirmé du créateur de SpaceX, a été liké plus de 30 000 fois. Pour autant, le principal intéressé n'a pas réagi. Le ton est donné et la guerre est déclarée entre les deux milliardaires. Et pour cause, le maître de la tech — dont la société de e-commerce l'a fait l'homme le plus riche au monde… les années où ce n'est pas Musk ! — investit lui aussi dans l'espace. Pour ce faire, il dépense son argent de poche — 1 milliard de dollars par an — dans sa société Blue Origin, directe compétitrice de SpaceX. Ainsi, Bezos et Musk s'affrontent très frontalement dans un projet pharaonique : le lancement de milliers de satellites dans l'espace pour créer des constellations. Avec respectivement Kuiper et Starlink, ils prétendent donner accès au web à tous et partout sur la planète. Mais gare à eux car, partout dans le monde, des projets identiques se développent. Ainsi, le réseau OneWeb, déjà évoqué, est détenu par un consortium dans lequel cohabitent l'État britannique, la société française Eutelsat et la multinationale indienne Bharti Enterprises. Les Russes visent également leur propre réseau, ainsi que les Chinois. Évidemment, si les mégaconstellations se multiplient, leurs satellites vont eux aussi pulluler davantage. Un sacré gâchis, car si les nations du monde et leurs entrepreneurs avaient décidé de coopérer plutôt que de se concurrencer, il y aurait fatalement beaucoup moins de satellites dans le ciel…

Points lumineux et côté obscur

C'est un refrain bien connu de tous : les cordonniers sont toujours les plus mal chaussés. Mais pour un Elon Musk, marchant à si grandes enjambées et adepte de la communication tous azimuts, le peu d'explications délivrées sur Starlink détonne. Fabrice Mottez se souvient de la difficulté avec laquelle il a démêlé les informations autour du projet d'Internet mondial de SpaceX — le scientifique s'est aussi intéressé au sujet en raison de ses fonctions éditoriales ; il est le rédacteur en chef du magazine *L'Astronomie*, une revue destinée évidemment aux amoureux du ciel, astronomes professionnels comme amateurs[39]. *« J'avais reçu des courriers de lecteurs inquiets, qui avaient entendu parler du projet Starlink »*, se remémore-t-il. Il faut dire que la communauté était sur le qui-vive, échaudée par d'anciens projets passablement délirants. Ainsi, en janvier 2018, la société néo-zélandaise Rocket Lab avait mis sur orbite un satellite de 1 mètre de diamètre en forme de boule à facettes. De quoi le faire étinceler de mille feux et le rendre visible à l'œil nu depuis la surface de la Terre. Selon l'initiateur du projet, Peter Beck, le satellite *Humanity Star* était censé porter un message humaniste en rappelant à tous les observateurs terriens la place fragile que nous occupons dans l'Univers[40]… *« Faire coucou à l'humanité : j'avais fait un éditorial à l'époque en dénonçant l'absurdité de ce projet. Et sa dangerosité pour l'astrophysique puisque ces lumières parasites gênent l'observation du ciel nocturne »*, reprend Mottez.

C'est précisément le même reproche qui est fait aux satellites de Starlink. Eux non plus ne jouent pas la discrétion. Dans la nuit, ils forment une ribambelle de points de lumière qui polluent considérablement l'observation du ciel. *« Ils sont particulièrement visibles en début et en fin de nuit »*, précise Jean-Baptiste Marquette. Pour le comprendre, imaginez la Terre comme une orange éclairée par une bougie. L'hémisphère face à la flamme est éclairé tandis que l'autre,

---

39. Le journal *L'Astronomie* est essentiellement vendu à des astronomes amateurs, en kiosque et sur abonnement. L'équipe de rédaction est bénévole. Les articles sur l'actualité scientifique sont rédigés par des astronomes professionnels, ceux sur l'observation par des astronomes amateurs. L'ambition du magazine est de faire le lien entre astronomes amateurs et professionnels.

40. *Humanity Star* devait durer un an, mais il a finalement été détruit par son entrée dans l'atmosphère terrestre au bout de deux mois.

sur la portion opposée du fruit, est plongé dans l'obscurité. De la même façon, quiconque sur la planète se trouve dans la portion opposée au Soleil est dans la nuit. Cela ne dure pas, puisque la Terre tourne sur elle-même. Ainsi, l'aube correspond à ce moment où la frange de la planète à la frontière, entre face éclairée et face obscurcie, est sur le point de basculer de l'ombre à la lumière. Au crépuscule, le glissement se fait en sens inverse. Plus haut dans le ciel, les satellites suivent le même mouvement, mais avec un effet retard. À la verticale d'un point déjà plongé dans la nuit, les satellites de Musk ont suffisamment d'altitude pour être éclairés par notre étoile alors que le sol ne l'est plus. Ils réfléchissent donc la lumière du Soleil et sont visibles depuis la Terre. Au crépuscule, c'est le même phénomène, en sens inverse.

Ce n'est pas seulement entre chien et loup que les satellites de Starlink brillent dans le ciel. L'autre moment où ils atteignent une visibilité extrême, c'est lors de leur lancement. Entreposés par dizaines dans le nez d'une fusée SpaceX, ils sont largués tous ensemble avant d'arriver en orbite basse. Résultat : la ribambelle des engins forme une série de points lumineux placés à la queue leu leu. Entre le graffiti et le tracé pointilliste, ce « train » de lumière est comme un tag sur le ciel nocturne. Chaque point, extrêmement visible dans la nuit, peut être *« aussi brillant que Jupiter, presque autant que Vénus »*, estime Franck Selsis. Le scientifique n'est pas près d'oublier la première fois qu'il a vu passer ce « train » : *« J'en ai eu le souffle coupé et les jambes en coton. »*

Il s'y était pourtant préparé. Tous les lancements de satellites — qui ne sont pas militaires — font l'objet de déclarations publiques avant le tir. Quand Selsis a su que SpaceX était sur le point de lancer de nouveaux éléments de cette constellation faisant si grand bruit dans le monde des astrophysiciens, il s'est donc préparé à assister au phénomène. De ses yeux vus, histoire d'en avoir le cœur net. *« Je savais que j'allais le voir, j'étais allé pour le voir, et pourtant quand le "train" est passé au zénith, je me suis dit "Mais ce n'est pas possible !". »*

Même réaction de sidération du côté de son confrère Jean-Baptiste Marquette. Il fait les yeux ronds en me racontant l'instant de la découverte : le « train » lui est tombé dessus, alors qu'il était dans son jardin, et qu'il ne s'y attendait pas : *« C'était assez angoissant,* se rappelle-t-il. *Pour qui n'est pas habitué à l'observation du ciel, il y a de quoi se croire dans* Independance Day. *»* Le défilé de Starlink évoque effectivement à beaucoup une manifestation d'extraterrestres. *« J'ai même été invité sur l'antenne régionale de France 3 afin d'y expliquer le phénomène et rassurer le public qui criait aux OVNI »*, se rappelle le Bordelais Franck Selsis.

Inutile de prévoir une paire de jumelles pour profiter du spectacle. *« C'est plus que visible à l'œil nu, c'est saisissant »*, insiste-t-il. C'est l'un des enjeux du problème : la contemplation du ciel nocturne est une pratique humaine depuis la nuit des temps. Et avec l'initiative de Musk, on devrait la ranger au rayon des antiquités ? La perspective scandalise les astrophysiciens. *« Pour nous, cette affaire est choquante, parce qu'elle touche à quelque chose de sacré »*, abonde Selsis.

Marquette est sur la même longueur d'onde. Il a été sollicité pour son expertise scientifique par l'élu municipal d'opposition Yannick Boutot de la ville de Villenave d'Ornon, en région Nouvelle-Aquitaine, où ont été installées des antennes terrestres de Starlink. L'astrophysicien se souvient avoir joué d'une métaphore pour défendre son point de vue : *« Donner à tous l'accès au web est un objectif louable. Mais pour fournir Internet à un fermier texan, on vous demande de lui laisser construire une autoroute dans votre jardin. Vous ouvrez le portail à deux battants et vous lui dites merci. Starlink c'est ça. La mainmise d'une entreprise privée sur un bien commun de l'humanité. »*

L'image est piquante : elle évoque aussi l'argument de départ du *Guide du voyageur galactique,* — l'un des bouquins cultes de Musk ! — où des extraterrestres détruisent la Terre pour construire une déviation d'autoroute spatiale. L'affaire est allée devant le conseil régional de la Nouvelle-Aquitaine, où le groupe politique de Yannick Boutot a déposé un vœu *« pour préserver l'observation et la recherche spatiale, pour exprimer notre opposition entre les constellations de satellites »*. Les élus régionaux ne l'ont pas voté : *« Il y a une méconnaissance et un désintérêt pour ce sujet »*, regrette le conseiller municipal.

La pollution visuelle est patente au moment du lancement des satellites. Toutefois, sa visibilité diminue une fois les satellites placés en orbite de fonctionnement. Sur le site Internet qu'elle a dédié à la constellation, l'entreprise SpaceX affirme que leur magnitude peut atteindre 7 : c'est-à-dire que l'on ne peut plus les voir à l'œil nu[41]. *« Pour une contemplation poétique du ciel, c'est bon,* commente Fabrice Mottez. *On peut regarder le ciel sans voir l'autoroute passer. Mais il suffit de prendre une paire de jumelles pour être ramené à la situation initiale. »*

De son côté, la remarque fait grogner Jean-Baptiste Marquette : *« À l'œil nu ? Mais ce n'est pas de "l'œil nu" dont nous avons besoin, nous ! »* Un objet de magnitude 7 est en effet extrêmement brillant pour les télescopes utilisés par les astrophysiciens. En fait, c'est même le *nec plus ultra* des appareillages d'observation du ciel qui peut être mis en danger par Starlink.

Prenez l'instrument Vera-C.-Rubin. Cet observatoire, anciennement dénommé LSST (Large Synoptic Survey Telescope) est actuellement en cours de construction au nord du Chili. Ses premières observations sont attendues pour 2023. Il dispose d'un miroir énorme de 8 mètres de diamètre, qui doit lui permettre d'observer la totalité du ciel en trois jours : *« Ils ont évalué que 30 % de leurs images auraient un satellite de Starlink dans son champ »*, explique Fabrice Mottez. Logique : plus la portion de ciel scrutée par un télescope est grande, plus le risque qu'un satellite déboule dans son champ l'est également.

Dans le monde des astronomes professionnels, souvent focalisés sur de très petits champs, peu de projets seront donc impactés. Mais, pour des observatoires de grande ampleur comme le télescope Vera-C.-Rubin, le danger est crucial. L'appareillage, pourvu d'une caméra de haute précision descendant à des magnitudes très basses, risque de payer les conséquences des dégâts générés par Starlink.

41. La perception à l'œil nu ça s'arrête à quelle magnitude ? Six, quand on a de bons yeux et qu'on est dans une campagne bien belle. À Paris, cela s'arrête à 4. Quand il y a une étoile de magnitude 7 dans le champ du télescope, il y a toute une zone autour de l'étoile que l'on n'exploite pas.

« Ce n'est pas seulement la ligne du satellite, le petit point qui se balade qui est dégradé, reprend Fabrice Mottez. *Quand des pixels sont saturés, la saturation se propage sur des pixels parallèles : cela fait des raies dans un sens, des barres dans un autre... Cela pollue une partie de l'image assez importante. »*

Face à cette mise en danger de la recherche scientifique, les astronomes ont donné de la voix. Dans le monde entier, protestations et pétitions ont fusé. Les équipes du Vera-C.-Rubin, en particulier, ont pris contact avec SpaceX pour limiter les dégâts. Pierre Antilogus, chercheur au CNRS et coordinateur scientifique pour la France du plan focal de la caméra du futur observatoire confirme ces échanges : *« Ils ont eu lieu à l'initiative du "père" de Vera Rubin, Tony Tyson »*, (l'Américain, spécialiste de la matière noire et de l'énergie noire, qui est le directeur scientifique du télescope).

Ces négociations paraissent avoir conduit Musk à faire peindre en noir une partie des satellites de Starlink, comme à les équiper d'une espèce de visière, afin qu'ils réfléchissent moins la lumière du Soleil. Un léger mieux : *« Au départ, leur design faisait du ciel nocturne un feu d'artifice visible à l'œil nu »*, reprend Pierre Antilogus, qui précise néanmoins que *« ces satellites restent une source majeure de nuisance pour le Vera-C.-Rubin. » « En revanche,* ajoute Fabrice Mottez, *les astrophysiciens n'ont jamais eu le plan d'un satellite. C'est-à-dire que le seul document communiqué par Starlink était le visuel disponible un peu partout sur Internet ! Ils n'ont rien eu de plus. Simplement quelques principes généraux de navigation, de configuration. »* Si la superficie du panneau solaire d'un satellite est estimée à moins de 30 m^2, les chercheurs ont été contraints, pour combler les trous d'explication de Starlink, de faire de la « rétro-ingénierie ». Autrement dit, observer les satellites dans le ciel pour déduire leur forme à partir de leur luminosité !

Embouteillage en orbite

Face à la bronca des astrophysiciens, Musk a d'abord pris tous ces spécialistes de haut, à l'instar de Peter Isherwell, son avatar de *Don't Look Up*. Sa réponse, laconique, s'est d'abord résumée en un tweet : *« Starlink ne sera vu par personne, à moins de regarder très attentivement, et son impact sur l'astronomie sera à peu près nul*[42]». Mais, depuis ce message du 27 mai 2019, le milliardaire a reconsidéré la question. Désormais, SpaceX admet que sa constellation provoque une pollution lumineuse. Il assure vouloir y remédier : « *Nous croyons [...] fermement à l'importance d'un ciel nocturne naturel dont nous pouvons tous profiter, c'est pourquoi nous avons travaillé avec des astronomes de premier plan du monde entier pour mieux comprendre les spécificités de leurs observations et les modifications techniques que nous pouvons apporter pour réduire la luminosité des satellites* », est-il expliqué sur le site de Starlink[43].

Le coup de peinture et le pare-soleil n'arrivent-ils pas un peu tard ? « *Après tout,* pointe Franck Selsis, *les satellites n'ont pas besoin de réfléchir la lumière.* » Il s'avère « juste » que leurs antennes de communication sont beaucoup trop brillantes.

À la décharge de SpaceX, ce n'est pas la première fois que des satellites font inopinément de l'œil aux terriens. Les « flashs Iridium » sont par exemple connus comme le loup blanc par les astrophysiciens. « Iridium », du nom de ce réseau satellitaire dédié à la téléphonie, qui voyage, lui aussi, en orbite basse de notre planète, mais sur une orbite quasi polaire. En passant des zones éclairées aux zones éteintes de la Terre pour effectuer des trajectoires allant du pôle Nord au pôle Sud, ces satellites prennent un aspect clignotant.

La pollution lumineuse des Starlink illustre la méthode du fait accompli façon Musk : il avance sans demander son avis à personne. « *C'est allé à une vitesse !* souffle Franck Selsis, encore estomaqué. *Et avec la bénédiction des grands organismes délivrant les autorisations nécessaires.* » Effectivement, sans les accords de la Commission fédérale des communications américaine (FCC) et de son pendant international l'Union internationale des télécommunications (UIT), les satellites de Musk n'auraient pas le droit d'émettre. Ce feu vert pose question. Car

---

42. Un tweet qui est une réponse à la question d'un internaute, demandant si la pollution lumineuse provoquée par la constellation était à prendre au sérieux : https://bit.ly/3P2Ihpu
43. Le site officiel de la constellation consacre l'une de ses rubriques à « préserver le ciel nocturne » : https://tinyurl.com/2kf377mu

si la mégaconstellation met le bazar dans le domaine de l'optique, elle le fait aussi dans les radiofréquences. Au risque également d'entraver la recherche scientifique.

Ainsi, l'Observatoire SKA (Square Kilometre Array Observatory ou SKAO, soit observatoire du réseau d'antennes de 1 km^2 en français) sera bientôt l'instrument scientifique le plus perfectionné au monde pour l'observation des ondes radio en provenance de l'espace. *« Avec l'Observatoire SKA, nous allons offrir une amélioration considérable et un véritable bond en avant en termes de potentiel et de capacité des télescopes par rapport à l'état de l'art en radio astronomie »*, explique le directeur de la communication stratégique William Garnier. Le radiotélescope, dont les premières mesures ne sont pas attendues avant la deuxième partie de cette décennie, pourra scruter le ciel sur des bandes de fréquences très étendues (entre 50 mégahertz et 20 gigahertz environ) grâce à deux champs d'antennes — un en Afrique du Sud, l'autre en Australie. Ces zones terrestres ont été choisies dans des endroits parfois très isolés, mais néanmoins relativement accessibles du globe, afin d'éviter les interférences électromagnétiques créées par les activités humaines. *« Le site australien hébergeant le télescope représente un territoire grand comme la Hollande peuplé d'une centaine de personnes seulement »*, explique Garnier[44]. Une prudence nécessaire, car rien n'échappe à des instruments aussi sensibles. Et le cas est célèbre du radiotélescope de Parkes, également en Australie, qui a capté pendant dix-sept ans un mystérieux signal se révélant finalement venir... d'un four à micro-ondes !

Le problème, c'est que le réseau Starlink émet dans une bande de fréquences à l'intérieur de celle, beaucoup plus large, dans laquelle va travailler le SKAO. *« Nous avions estimé, sur la base de 6 400 satellites, que sur cette bande de fréquences notre temps d'observation devrait être augmenté de 70 % pour compenser les effets négatifs des interférences induites par les satellites »*, reprend William Garnier. Une contrainte

---

44. Ces zones, comme d'autres dans le monde où des activités de radio-astronomie ont lieu, bénéficient d'une législation particulière au niveau national, leur conférant une protection localement contre les interférences. Elles sont appelées Radio Quiet Zones.

irréversible ? Le porte-parole de cette organisation scientifique intergouvernementale se veut rassurant : *« Nous avons depuis le début une approche globale de ce problème, et nous pensons que le dialogue avec les opérateurs des mégaconstellations fait partie de la solution »* (après tout, il n'y a pas que celle de Musk !). Le porte-parole précise que *« la collaboration est plutôt fructueuse »* et esquisse même une solution technique susceptible de minorer le parasitage : *« Connaissant la position exacte de nos antennes, les opérateurs pourraient développer des algorithmes ou modifier quelque peu leurs logiciels afin que leurs satellites ne pointent pas directement vers nos télescopes pendant leur survol des sites. Cette simple modification permettrait de réduire l'impact de chaque satellite d'un facteur 10, limitant les pertes scientifiques et rendant la "cohabitation" plus acceptable ».*

Reste une question : face à Musk, l'UIT a-t-elle agi à la légère ? Cet organisme, dépendant des Nations unies, est pourtant vu comme un exemple vertueux d'une collaboration internationale dans la gestion des fréquences, c'est-à-dire un commun limité et hautement concurrentiel. *« De la dentelle juridique internationale »*, selon la formule d'un de mes interlocuteurs.

En l'espèce, l'UIT fait néanmoins primer le business sur la science. Et il y a un précédent à cela. En effet, une décision du même acabit a été prise fin 2019 lors de la conférence mondiale des radiocommunications organisée sous son égide, en Égypte, à Charm el-Cheikh. Il était alors question de l'usage des antennes 5G dans la bande de fréquences des 26 gigahertz. Or, celles-ci sont dangereusement proches de celles où émet la vapeur d'eau dans l'atmosphère, laquelle est donc scrutée par les satellites d'observation, les radiosondes, les aéronefs ou les radars afin d'établir les bulletins météo. Aussi, si la 5G s'installe sur les mêmes fréquences, c'est au risque de dégrader les prévisions météorologiques de l'ordre de 30 %, ainsi que prévenait en avril 2019 un article de la revue scientifique *Nature*.

En Égypte, les spécialistes de l'étude atmosphérique avaient donc plaidé pour séparer clairement les fréquences utiles à la météo et celles de la 5G. Ils n'ont pas été entendus. *« Il est étonnant et décourageant de voir l'histoire se répéter, et la science vaincue par d'autres pressions sociétales* », avait alors réagi le Centre européen pour les prévisions météorologiques à moyen terme (CEPMMT)[45].

Faire le ménage dans les fréquences d'émission des satellites est un problème qui va mécaniquement s'accroître avec la prolifération des mégaconstellations. C'est fatal, les places vont devenir chères sur les bandes de fréquence. De ce trop-plein pourraient survenir d'autres problèmes techniques — émissions parasites, fréquences qui « bavent », etc. — ainsi que des effets secondaires difficilement quantifiables et préoccupants. D'autant que certains acteurs demeurent secrets : les satellites militaires ont des caractéristiques confidentielles, dont leurs bandes d'émission. « *Certains peuvent émettre sur des fréquences que l'on utilise, et cela génère des interférences* », pointe le spécialiste des interactions Terre-Soleil Mustapha Meftah.

Vous l'avez compris, les fréquences radio, c'est le nerf de la guerre : « *Je peux vous raconter une anecdote ?* s'amuse Fabrice Mottez. *La station de radioastronomie de Nançay est une réserve sauvegardée pour les fréquences radio depuis des décennies. Les scientifiques y ont négocié l'usage réservé de quelques bandes de fréquences. Autrement dit, il y a des bandes de fréquences utilisées dans le monde entier qui ne le sont pas au-dessus de Nançay. Il y a des accords pour cela, qui permettent aux scientifiques une observation dégagée du ciel. Du coup, à Nançay, il y a des antennes pour voir si l'accord est respecté. C'est-à-dire que ce sont des antennes qui ne font pas de l'astronomie, mais qui écoutent le bruit de fond. Les copains radioastronomes, régulièrement, me rapportent qu'il y a des incidents, provoqués très probablement par des militaires.* » L'armée évalue ainsi que les astronomes utilisent bel et bien les bandes qui leur sont réservées. Sans quoi, les scientifiques s'en trouveraient à coup sûr prestement démunis…

Starlink pose ainsi le problème de la pollution lumineuse du ciel, de l'encombrement des fréquences, mais aussi de l'anarchie qui est en train de s'installer au-dessus de nos têtes. Entre les satellites opérationnels et ceux hors d'usage, les bouts de fusées et les débris en

45. Lire mon article pour *Sciences et Avenir* : https://bit.ly/385lEjm

tout genre, l'espace commence à avoir des airs d'autoroute-poubelle. La situation a d'ailleurs été illustrée par le crash sur la Lune, le 4 mars 2022, d'un objet d'origine inconnue.

Un vrai imbroglio, cette affaire. Dans un premier temps, il avait été identifié comme étant un morceau de fusée de SpaceX, le deuxième étage d'un lanceur utilisé en 2015 par la société de Musk pour mettre en orbite un satellite d'observation du climat terrestre, le *Deep Space Climate Observatory* (DSCOVR). Mais finalement, les experts ont revu leur copie, incriminant plutôt les restes d'une fusée chinoise. Pékin a démenti. Le crash avait été calculé quelques semaines avant sa survenue par l'astronome américain Bill Gray. Dans un témoignage recueilli par l'AFP, son collègue Jonathan McDowell constatait qu'aujourd'hui *« ça n'est le boulot de personne de suivre la trajectoire des déchets que nous laissons dans l'espace lointain »* et qu'il était *« temps de commencer à le réguler »*.

Même plus près de nous c'est le bazar. L'encombrement des orbites basses devient extrêmement concret, ainsi que peut en témoigner Mustapha Meftah. Le 24 janvier 2021, son labo le LATMOS (Laboratoire Atmosphères, Observations Spatiales) a placé sur orbite basse le nanosatellite *UVSQ-SAT*. Dédié à l'observation de notre planète et de son étoile, son objectif est de recueillir des données sur le déséquilibre énergétique de la Terre qui détermine les changements climatiques[46]. *« En une année, nous avons eu environ une vingtaine d'alertes de collisions »* qui ont nécessité différentes manœuvres d'évitements, explique-t-il.

Y a-t-il quelqu'un pour faire la circulation ? À l'instar de la NORAD (North American Aerospace Defense Command), le commandement de la défense aérospatiale de l'Amérique du Nord, des organisations de pays ou de groupements de pays peuvent avoir l'œil sur leurs propres espaces aériens ou spatiaux. À l'échelle internationale, l'Organisation des Nations unies (ONU) est également pourvue d'un Comité dédié aux utilisations pacifiques de l'espace

---

46. Lire l'article de Sylvie Rouat « Un nanosatellite français part affiner l'étude du climat » dans le magazine *La Recherche* n° 564, daté de février-avril 2021.

extra-atmosphérique, le COPUOS. Et pour la première fois, le sujet de la pollution radio et lumineuse induite par les mégaconstellations s'est invité à sa table, en février 2022. Le problème n'avait jamais été inscrit jusqu'à présent à l'ordre du jour des Nations unies. Rien que d'y avoir évoqué le droit à « un ciel sombre et calme[47] », c'est une première victoire pour les trois organisations scientifiques à l'origine de la démarche — le SKAO, l'Observatoire austral européen (ESO) et l'UAI, l'Union astronomique internationale — ainsi que pour les pays qui ont porté et soutenu la résolution devant le comité, soucieux d'une régulation plus stricte quant à une utilisation durable de l'espace. Dans la même période, la NASA elle-même a pris position, alertant sur les problèmes d'encombrement en orbite induit par Starlink et les mégaconstellations.

Il existe aussi différents traités multilatéraux sur la question spatiale. Le plus important d'entre eux est celui de 1967. Ce traité de l'espace[48] stipule notamment que la Lune et les autres corps célestes doivent être utilisés à des fins pacifiques. C'est lui aussi qui dit que les États sont responsables de toutes les activités nationales se déroulant dans l'espace. De cette façon, les États-Unis sont donc susceptibles de devoir rendre des comptes sur les actions d'un acteur privé comme SpaceX, et se retrouvent *de facto* complices d'une saturation des orbites basses par Elon Musk.

L'INCONNUE DE L'ALUMINIUM

Comment meurent les satellites ?

Quand ils chutent de leur orbite et tombent dans l'atmosphère terrestre, les satellites sont portés à haute température et disparaissent par

47. À propos de ce plaidoyer pour un « *dark and quiet sky* », voir mon article sur le site de *Sciences et Avenir* : https://bit.ly/39Gtalm
48. En fait, de son nom complet le « traité sur les principes régissant les activités des États en matière d'exploration et d'utilisation de l'espace extra-atmosphérique, y compris la Lune et les autres corps célestes ».

combustion. La formule paraît magique, et l'objet se désintégrer. Comme par un coup de baguette ! Évidemment, il n'en est rien. Ainsi que l'a dit le savant Lavoisier, *« rien ne se perd, rien ne se crée, tout se transforme »*. Et un satellite brûlé fait pleuvoir une pluie de résidus dans l'atmosphère. C'est ce que pointe l'astrophysicienne Samantha Lawler de l'Université de Regina (Californie) dans un article de *The Conversation* où elle écrit : *« Comme les satellites sont principalement composés d'alliages d'aluminium, ils risquent de former des particules d'alumine s'évaporant dans la haute atmosphère, ce qui pourrait détruire l'ozone et provoquer des changements de température à l'échelle planétaire. »* Un scénario catastrophe, qui nécessite des analyses plus poussées : *« Cette question n'a pas encore été étudiée en profondeur étant donné que l'orbite terrestre basse n'est soumise à aucune réglementation environnementale*[49] *»*, précise la scientifique.

Du bon usage des satellites en science

La connexion digitale sans fil, à haut débit et à ultra-faible latence, est tendance. L'accès instantané à la *data* constitue l'argument privilégié pour vendre la 5G soit la cinquième génération de téléphonie mobile. En février 2019, en Espagne, lors du Mobile World Congress (MWC) de Barcelone, l'immédiateté du dispositif avait été démontrée *via* la première opération chirurgicale télémonitorée. Avec un décalage infime de 0,01 seconde, le docteur Antonio de Lacy conseillait, depuis le site de la conférence, une équipe chirurgicale qui réalisait une opération sur une tumeur intestinale. Cette dernière avait lieu à l'Hospital Clinic de Barcelone, à 5 km du lieu où se déroulait le MWC !

L'Internet tombé du ciel façon Musk n'est pas de la 5G. Toutefois, selon l'entrepreneur, ces deux réseaux peuvent être complémentaires. Il l'a dit et affirmé durant l'opus 2021 du MWC pendant lequel il a pris la parole trente minutes en visio : *« Starlink veut combler l'espace entre la 5G et la fibre*[50]*. »* Pour quelles finalités d'utilisation ? Le scénario médical est attrayant : il est de nature à bouleverser la

49. https://bit.ly/37jHuPP

50. Lire l'article de Raphaël Balenieri et de Sébastien Dumoulin dans *Les Échos* : https://bit.ly/3OYD2qO

santé du XXIe siècle. Pensez à un lieu détruit par une catastrophe naturelle. Comme l'Internet satellitaire ne dépend pas, ou très peu, d'infrastructures terrestres, il continuera à fonctionner. Des toubibs, loin du lieu sinistré, auraient au moins un accès virtuel aux populations en détresse.

Le réseau Starlink permettrait-il de faire aussi bien ? Sur le site web de la constellation, les arguments mis en avant consistent en la possibilité *« d'effectuer des activités à haut débit qui, antérieurement, n'étaient pas possible avec Internet par satellite »*. Soit, visualiser des vidéos en streaming, passer des appels également en vidéo, mais aussi participer à des jeux en ligne. Les *gamers* apprécieront. Les militaires aussi ? Eux, jouent des *joysticks* pour piloter des drones, une activité nécessitant une réactivité instantanée dans les commandes. Pourtant, aucun de ces arguments n'est de nature à rassurer les 10 000 astronomes professionnels et les quelques millions d'amateurs qui, dans le monde entier, angoissent à la montée en puissance de Starlink.

Un gâchis sans doute. Car une constellation satellitaire, ce peut être aussi une formidable alliée pour les chercheurs. Un accélérateur de science. *« Les satellites pour la surveillance de l'océan, c'est magnifique »*, réagit ainsi Hervé Claustre, directeur de recherche CNRS au laboratoire d'océanographie de Villefranche-sur-Mer. Il existe déjà des appareils en orbite dédiés à l'observation des océans. C'est le cas de l'Européen *Sentinel-6*, par exemple. Mais leur sagacité est perfectible, *« Il reste toujours des zones qui ne sont couvertes que tous les trois, quatre ou cinq jours. Si les visites étaient plus fréquentes — chaque une ou deux heures par exemple —, elles donneraient lieu à des réalisations scientifiques très intéressantes »*, reprend le scientifique. Cette surveillance en quasi-temps réel, c'est précisément ce que peuvent faire des satellites fonctionnant en essaim.

Autre avantage d'une constellation : mieux connecter des dispositifs d'observation *in situ* avec les labos scientifiques. Prenez les flotteurs profileurs de la mission européenne Refine à laquelle participe Hervé Claustre. Mis à l'eau en mai 2022, ce sont de vrais robots, bardés de capteurs et d'intelligence artificielle, chargés notamment d'étudier la migration du plancton animal entre 100 et 1 000 mètres de profondeur. Un phénomène très important pour comprendre la pompe biologique de carbone, impliquée dans la régulation du changement climatique[51].

Comment les données engrangées par les flotteurs sont-elles envoyées aux scientifiques ? Par SMS ! *« Nous ne bénéficions pas assez de bande-passante pour récupérer des fichiers plus lourds, comme des photos »*, reprend Claustre. Avec des constellations de satellites, les canaux de communication seraient démultipliés, et la transmission de données deviendrait plus accessible. « *Traiter davantage d'informations nous ouvrirait quantité de pistes scientifiques,* reprend l'océanographe. *Comme travailler sur les bruits enregistrés dans les océans, ce qui nous permettrait d'en savoir davantage sur la pollution sonore due à l'homme. »*

En permettant un plus grand accès à l'espace, SpaceX crée une situation nouvelle, où tout n'est pas blanc, tout n'est pas noir. *« Les mégaconstellations peuvent aussi avoir des intérêts et des utilités »*, confirme Mustapha Meftah. Les spécialistes de l'étude du climat de la Terre sont convaincus de la nécessité de mettre en place des constellations de satellites, mais à but scientifique. *« Elles vont nous apporter de la revisite temporelle et une meilleure résolution spatiale. De quoi mieux cartographier la planète pour mieux observer, mieux comprendre, et donner des outils pour mieux agir »*, reprend le scientifique. L'idée est d'établir un jumeau numérique de la planète, un outil qui *« montre l'évolution en temps réel de notre planète selon différents paramètres »*.

Le LATMOS a d'ailleurs eu recours aux services de SpaceX pour envoyer dans l'espace son nanosatellite baptisé *UVSQ-SAT* (comme Université de Versailles Saint-Quentin-en-Yvelines, dont dépend le laboratoire). Le dispositif de 1,3 kg, de la taille d'un Rubik's Cube — des dimensions qui justifient le terme de « nanosatellite » —, est en orbite depuis le 24 janvier 2021. Tous les jours, il enregistre le

51. Lire mon article pour *Sciences et Avenir* : « 4 robots à l'assaut de la "Twilight zone" des océans » https://bit.ly/3LTzdRJ

rayonnement solaire réfléchi par la Terre ou son champ magnétique. Cela représente plus de 10 millions de *data* depuis sa mise en service. La récupération de ces informations est prise en charge par le LATMOS, qui sous-traite une partie du traitement des données à ACRI-ST, spécialiste de l'analyse satellitaire, et dont Antoine Mangin est le directeur scientifique.

La société française trentenaire, installée à Sophia-Antipolis dans les Alpes-Maritimes, est investie depuis quelques années dans l'aventure du New Space. « *J'avoue qu'au début, j'étais plutôt dubitatif,* explique Mangin. *Le New Space, ça me semblait être des histoires de rigolos qui envoient leurs voitures dans l'espace* », s'amuse-t-il avant d'enchaîner, « *depuis, j'ai changé d'avis* ». Le scientifique est désormais conquis par « *cette histoire fantastique qui consiste à dire que des petits satellites peuvent venir compléter les missions des grosses agences, des programmes type Copernicus*[52] ». Mangin voit le New Space comme une formidable démocratisation de l'accès à l'espace, grâce à laquelle n'importe quel labo peut désormais placer un nanosatellite en orbite basse.

La mise en œuvre reste compliquée : envoyer un nanosat dans l'espace avec SpaceX, c'est autre chose que de commander un bouquin sur Amazon ! « *Il faut remplir une importante documentation, fournir les documents attestant que nous avons les autorisations gouvernementales pour mettre un satellite dans l'espace, les protocoles sont très stricts* », reprend Mustapha Meftah, particulièrement impliqué dans *UVSQ-SAT*. Et le tarif ? « *De l'ordre de 100 000 euros* », répond le scientifique. Quand *UVSQ-SAT* a été libéré dans l'espace, c'était au sein d'un bouquet de 143 satellites, dont plusieurs de la constellation Starlink. « *Même s'il faut remplir quantité de dossiers réglementaires, juridiques, d'assurance… tout le monde peut désormais satelliser quelque chose : l'espace est désormais accessible aux labos* », reprend Antoine Mangin. « *Cela demeure complexe,* ajoute Mustapha Meftah. *Un organisme public a plus de facilités pour mettre*

52. Le programme Copernicus de l'Union européenne consiste en un réseau de satellites, les *Sentinel*, opérés par l'Agence spatiale européenne (ESA), qui cartographient l'état de la planète (ses océans, ses terres agricoles, son atmosphère...).

en orbite un système spatial. » Autre nouveauté : les grandes agences spatiales institutionnelles voient dorénavant d'un bon œil le fait que leurs grandes missions spatiales, adossées à de massifs satellites gros comme des Twingo, soient maintenant épaulées par de petits programmes de nanosatellites.

« *Nous venons de proposer un nouveau projet au CNES,* reprend Mangin. *Il s'agit d'un nanosatellite capable de regarder dans les longueurs d'ondes qui caractérisent les efflorescences d'algues toxiques nocives pour l'aquaculture.* » L'idée est que le petit dispositif en question complète les observations du gros satellite européen *Sentinel-2* du programme Copernicus. Un travail collaboratif : si l'un détecte à la surface du globe un élément suspicieux, l'autre peut focaliser dessus. Ce projet, qui ne verrait pas le jour sans le New Space, enthousiasme tant Mangin qu'il finit par souffler : « *Je trouve qu'Elon Musk a fait bouger les choses dans le bon sens.* » Il ajoute aussitôt qu'il est bien conscient des dégâts provoqués sur l'astrophysique et l'astronomie : « *Tous les collègues de l'observatoire de Nice m'en parlent.* »

Les constellations qui seraient « *au service de la science et de l'humanité* », selon la formule de Meftah, seraient bien plus petites que Starlink. Quelques centaines d'éléments, tout au plus. Un an avant les débuts dans l'espace de *UVSQ-SAT,* le LATMOS annonce d'ailleurs préparer le lancement d'un deuxième nanosatellite, *INSPIRE-SAT7,* qui devrait être mis en orbite en janvier 2023. Ce bébé de 3 kg sera dédié à l'observation de variables climatiques, et travaillera en binôme avec son prédécesseur. Une façon de tester, déjà à deux, le principe souhaité d'une constellation de nanosatellites chargés d'observer la Terre.

ÉPISODE II

LA VOITURE AUTONOME

TESLA, L'ORDINATEUR SUR ROUES

LE RETOUR DE LA VOITURE ÉLECTRIQUE

Une voiture dans l'espace

Z comme Zorglub est sans doute l'une des meilleures aventures de Spirou et de Fantasio. Dans cette bande-dessinée de 1961, illustrée par le génial Franquin et scénarisée par le non moins génial Greg, le savant Zorglub utilise la Lune comme écran de projection pour y afficher de la pub[1]. Les amateurs du groom auront certainement pensé à cette opération de communication globale lorsque Musk a, à son tour, réalisé un buzz mondial en transformant l'espace en une surface publicitaire.

Avez-vous vu ces images du 6 février 2018 ? Cette date est celle du lancement inaugural du nouveau lanceur *Falcon Heavy* de SpaceX

---

1. Fidèle collaborateur de Franquin, Jidéhem a aussi participé à l'album *Z comme Zorglub* ainsi qu'à sa suite directe, *L'Ombre du Z*. Le coup de la pub lunaire ne marche pas bien car l'armée de Zorglub est composée de « zorglhommes » dont la langue est inversée. Du coup, ils écrivent « Caco-Caloc » au lieu de… vous avez compris. L'initiative zorglubienne a décidément fait tache d'huile puisque la société japonaise ispace, qui veut lancer une mission privée sur la Lune, a évoqué la possibilité de faire de la pub sur notre satellite. Il s'agirait de panneaux d'affichage, a l'instar de ceux qui sont placés au bord de nos routes, et ne seraient donc visibles que des astronautes. Il est permis de juger néanmoins la perspective angoissante.

depuis le cap Canaveral, en Floride. Pour médiatiser l'événement, Elon Musk avait pourvu la fusée d'une bien surprenante cargaison : une voiture rouge décapotable, le Roadster, que le *Falcon Heavy* a largué dans l'espace. La mise en scène était parfaite. En guise de conducteur du Roadster, une silhouette à la Daft Punk : le mannequin Starman, vêtu de la combinaison des astronautes créée par SpaceX. Sur le tableau de bord de la voiture, un texte en lettres majuscules : DON'T PANIC!, phrase sortie tout droit du *Guide du voyageur galactique*, le bouquin de SF humoristique si cher au cœur d'Elon Musk. En musique de fond, la chanson *Space Oddity* de David Bowie. Le tout était bien évidemment visible depuis la Terre grâce à trois caméras embarquées[2].

Visuellement, l'effet est saisissant. L'image du Roadster d'un rouge profond s'inscrivant sur la rotondité bleue de la Terre est à la hauteur des cris de joie poussés par les équipes de Musk au moment du lancement. Symboliquement, c'est évidemment plus discutable. De nombreux commentateurs y ont vu un scandaleux gaspillage de ressources et le triomphe cynique de la société du spectacle — comme l'a d'ailleurs noté *The Guardian*, le même jour, quatre-vingt personnes étaient tuées en Syrie par des frappes aériennes dans l'indifférence médiatique[3]. Mais, dans le référentiel muskien, c'est un coup parfait qui porte l'attention mondiale à la fois sur SpaceX… et sur Tesla. Le fabricant de voitures électriques, dont le Roadster est le représentant, est le deuxième bébé d'Elon. Et sa machine à billets.

L'aventure Tesla

Contrairement à SpaceX, Tesla n'a pas été créée par Musk. Cette société, qui a mis un coup de neuf à la voiture électrique, a en fait été fondée en 2003 par les deux ingénieurs Martin Eberhard et Marc Tarpenning. La volonté du tandem ? Transformer l'image de tortue rhumatisante de la voiture électrique de ce début de milliéraine en un objet « désirable » (comme disent les as du marketing),

---

2. Le direct du lancement de la Tesla dans l'espace est à revoir ici : https://bit.ly/3sfFGyG
3. L'article « Pourquoi le lancement de la société d'Elon Musk SpaceX est profondément déprimant » est à lire ici : https://bit.ly/3MXGxfn

puissant et capable d'avaler autant de kilomètres en une recharge électrique qu'une auto thermique peut le faire en un plein d'essence. L'intention a très tôt séduit Musk : en 2004, il abonde l'entreprise de plusieurs millions de dollars de financement dans une levée de fonds, puis intègre la société pour en devenir le PDG en 2008 (l'affaire ne s'est pas faite sans quelques psychodrames, particulièrement entre Musk et Eberhard[4]).

J'ai toujours besoin de me pincer pour réaliser que Musk n'est pas le créateur de Tesla Motors, devenu Tesla Inc. en 2017. Avec un nom pareil, la société paraît pourtant faite pour et par lui. Et pour cause, Nikolas Tesla est l'une des références geek ultime. L'inventeur américain d'origine serbe fut l'un des esprits scientifiques les plus créatifs de la fin du XIXe siècle et du début du XXe siècle. Bien que son œuvre fût entravée par son antagonisme avec Thomas Edison, Tesla demeure l'auteur de travaux déterminants dans le domaine du courant alternatif, l'électricité étant au centre de la plupart de ses innovations. Hommage immarcescible : son nom a même été donné à l'unité de mesure des champs magnétiques. Depuis quelques décennies, Tesla fait également les délices des amateurs de SF. Il n'y a qu'à voir les nombreuses références qui lui sont faites dans les BD, les séries télé et au cinéma où le savant apparaît notamment dans le film *Le Prestige* de Christopher Nolan en 2006 sous les traits de… David Bowie.

OK, Musk n'est pas le papa de Tesla, mais c'est bien lui qui incarne la, disons, philosophie de cette société. Il faut considérer la voiture électrique comme un ordinateur sur roues. Le paradigme est à 100 % différent de celui des constructeurs automobiles traditionnels. Ces as du moteur thermique peuvent se targuer de plus d'un siècle d'expérience ; mais c'est autant d'habitudes installées qui sont des entraves à la transition énergétique. Tesla, elle, n'a pas à passer de l'essence à l'électricité. Elle part de zéro, mettant la batterie au centre de tout, et imaginant motorisation, transmissions et commandes comme des couches se superposant les unes sur les autres. Surtout, elle

---

4. Voir cet article de *Wired* en 2009 : https://www.wired.com/2009/07/tesla-lawsuit/

développe les logiciels informatiques qui permettent de commander l'ensemble. Des programmes qui se mettent à jour à distance, comme on rafraîchit le système d'exploitation de son smartphone. De quoi permettre à l'auto de rester à la pointe de la technique sans passage chez le garagiste.

Du point de vue boursier, le succès est au rendez-vous. Selon l'agence Bloomberg, qui scrute les bas de laine des milliardaires, en janvier 2021 Elon Musk devenait, grâce à l'envolée des actions Tesla, l'homme le plus riche du monde. De quoi se payer le luxe de coiffer un chauve au poteau, en l'occurrence son cher rival Jeff Bezos. Au moment de ce classement commenté par l'Agence France-Presse[5], la fortune de l'ingénieur d'origine sud-africaine atteignait 188,5 milliards de dollars, soit 1,5 milliard de plus que celle du fondateur d'Amazon.

Paradoxe, si Tesla pèse davantage que General Motors, Ford, Fiat Chrysler Automobiles, Toyota, Honda et Volkswagen cumulés, *« les ventes du groupe restent bien loin des constructeurs traditionnels : Tesla n'a écoulé que 499 550 voitures sur l'année 2020, bien loin par exemple de Volkswagen et de ses 11 millions de véhicules vendus en 2019 »*, relevait l'AFP. Pourtant, le groupe est le chouchou des investisseurs qui considèrent désormais le véhicule électrique comme un habile placement. La fortune de Musk, essentiellement composée d'actions, est encore montée d'un cran quand, en octobre 2021, la société de location de véhicules Hertz a annoncé acheter 100 000 voitures Tesla. Cela a provoqué un nouveau coup de chaud en bourse et une envolée du capital de l'homme le plus riche du monde à 288,6 milliards de dollars[6].

Grâce à Tesla, voici Elon Musk au sommet de la pyramide alimentaire de l'hypercapitalisme. Pourtant, le milliardaire ne désespère pas de s'adresser au « peuple ». Dans une note de blog publiée le 2 août 2006, il écrivait déjà que le plan à long terme de l'entreprise était de proposer une large gamme d'autos *« dont des*

5. La dépêche de l'AFP sur le site de *Challenges* : https://tinyurl.com/2f3839r8
6. Sur ce nouveau record, voir l'article de *Capital* : https://bit.ly/3Frt1hy

véhicules familiaux à prix abordables[7] ». Nous n'y sommes pas encore. Il faut aujourd'hui débourser plus de 40 000 euros pour s'offrir le modèle le moins cher de la marque. En septembre 2020, lors de la conférence de la Battery Day, Musk annonçait néanmoins une voiture à 25 000 dollars (environ 22 000 euros) d'ici trois ans. Une promesse en écho au mantra de Tesla qui, sur son site officiel, affirme que sa mission est « *d'accélérer la transition mondiale vers un schéma énergétique durable*[8]. »

Il n'en reste pas moins que les débuts de la marque 100 % électrique se sont faits sous l'aspect de la voiture de sport, ultra chic, avec notamment la commercialisation du Roadster à partir de 2008 (sa production a cessé en 2012, mais un nouveau modèle est promis par Musk). Si l'engin a été conçu en partenariat avec le Britannique Lotus Cars, les modèles suivants sont des produits purement imaginés par Tesla. Il y a désormais la Model S, la Model 3, la Model X et la Model Y. Oui, l'ensemble fait bien « S3XY », et c'est là encore une preuve qu'Elon Musk aime l'humour.

Ces véhicules — tous disponibles en France — sont évidemment scrutés à la loupe sur la question de leur autonomie. Le terme est en fait à double sens — nous développerons cette question dans les pages qui viennent. Il y a d'abord, classiquement, la question de l'autonomie énergétique. Autrement dit, sur combien de kilomètres la voiture est-elle capable de tenir avec une seule charge de batterie ? Les véhicules de Tesla tournent aujourd'hui autour de 500 à 600 km. De nombreux journalistes automobiles ont signé des reportages[9] sur leur traversée de la France pour éprouver la possibilité d'un tel voyage. Ce dernier aurait semblé de la science-fiction il y a encore cinq ans, pourtant, aujourd'hui il est bel et bien possible. Pour cela, il faut toutefois bien suivre le GPS de la voiture qui signale à l'automobiliste les bornes de recharges électriques où il convient de s'arrêter. Pas de fantaisie, car le nombre de bornes est restreint ;

---

7. La note de Musk ironiquement qualifiée de « plan secret de Tesla » : https://tinyurl.com/2p9cx6zb
8. À lire sur le site de Tesla : https://www.tesla.com/fr_FR/about
9. Comme celui-ci, en novembre 2021, par *Capital* : https://bit.ly/3sfKB2A

il est d'ailleurs classique de trouver sa « pompe à électricité » déjà occupée par un autre usager. Pour l'instant, l'attente est légère, presque conviviale : on peut badiner entre « *happy few* » à propos des caractéristiques de son auto. L'effet sera différent quand, demain, les voitures électriques feront la transhumance à la queue leu leu vers les plages le week-end du 14 juillet. Il faudra alors que les unités de recharge soient en nombre suffisant pour accueillir la ribambelle des vacanciers. Aujourd'hui, les usagers des voitures électriques profitent de leur relatif isolement. Ainsi, un utilisateur régulier de Tesla — en voiture de location — me disait que seulement deux arrêts lui ont été nécessaires pour un Paris-Nîmes ; comptez une vingtaine de minutes et presque autant d'euros pour la recharge électrique.

Et puis il y a l'autre autonomie. Celle qui fait la une des sites web, et qui désigne la capacité de la voiture… à rouler toute seule, ou presque toute seule (on verra que la nuance est primordiale, vitale même). Là encore, le concept n'a pas été inventé par Tesla, mais la marque de Musk l'incarne plus que toute autre. Dans une note de blog sur le site officiel intitulé « Votre Autopilot est arrivé[10] » et publiée le 14 octobre 2015, la marque lançait le mouvement en expliquant que, depuis un an, les nouvelles Model S étaient équipées des dispositifs physiques — les *hardwares* — permettant « *une introduction incrémentale de la technologie de la conduite automatisée : un radar avant, une caméra orientée vers l'avant de la route, 12 capteurs à ultrasons capables de détecter des obstacles à 16 pieds (presque 5 mètres) dans toutes les directions autour de la voiture et à n'importe quelle vitesse et un système d'assistance au freinage à commande numérique de haute précision* ».

Ces équipements (qui ont évolué depuis) ont été installés sur la Tesla et mis en sommeil pendant un an, pour finalement devenir opérationnels à la date de la publication de cette note de blog : « *Désormais la version 7 du logiciel de Tesla permet à ces outils de délivrer une large gamme de fonctions de confort et de sécurité* » au conducteur. À compter de cette date, l'Autopilot a ainsi été en mesure de corriger

10. La note « Votre Autopilot est arrivé » : https://www.tesla.com/blog/your-autopilot-has-arrived

la position de la voiture sur sa voie de circulation, de changer automatiquement de voie, voire de gérer le freinage pour éviter tout risque de collision. « *Mais,* précisait Tesla, *le conducteur est toujours responsable de sa conduite, et reste en définitive celui qui contrôle la voiture* ».

À quel moment sera-t-elle le seul pilote ? *That is the question,* et aussi la course dans laquelle Musk s'est engouffré. Et il n'est pas le seul sur la ligne de départ.

LES BATTERIES
LA RÉVOLUTION DU LITHIUM-ION

La techno qui révolutionne la voiture électrique

En prenant de l'ampleur, Tesla a eu peur de manquer. La société s'est en effet rendue compte qu'il n'y avait pas assez de fabricants de batteries dans le monde pour faire face au besoin de toutes ses voitures électriques. *« Pour atteindre une production de 500 000 véhicules par an, Tesla aurait besoin de l'ensemble de la production mondiale de batteries au lithium-ion »*, est-il précisé sur le site du constructeur[11]. La solution de Musk ? Construire ses propres usines de batteries, des sites industriels immenses qu'il a appelé des « gigafactories ». Cette initiative, lancée en 2014, s'est concrétisée par la construction d'un gigantesque site de production de 180 000 m^2 dans le Nevada, soit l'équivalent d'un terrain de 180 mètres de large sur 1 km de long[12] !

À l'origine de la technologie du lithium-ion, il y a des recherches initiées dans les années 1970. Trois chercheurs s'y sont particulièrement illustrés : l'Américain John Goodenough, le Britannique Stanley Whittingham et le Japonais Akira Yoshino qui ont reçu le prix Nobel de chimie en 2019. Ce sont les batteries lithium-ion, disponibles commercialement depuis le début des années 1990, qui ont par exemple permis à Sony de développer son offre d'appareils avec une électronique

11. Voir sur le site de Tesla : https://www.tesla.com/fr_FR/gigafactory
12. Tesla a ouvert depuis d'autres gigafactories. Celle de Berlin, inaugurée le 22 mars 2022, n'est pas limitée qu'aux batteries ; elle fabrique aussi des voitures en entier. Voir cet article du *Monde* : https://bit.ly/3vO0sr6

miniaturisée, les héritiers du Walkman. Désormais, le lithium-ion équipe les smartphones, les appareils photos, les ordinateurs portables, les montres connectées et … les autos électriques. *« C'est la technologie d'aujourd'hui, celle qui marche, qu'on connaît, qu'on sait industrialiser et qui répond aux besoins »*, commente l'ingénieur Philippe Chain, co-fondateur et directeur de la clientèle de la société Verkor qui va installer sa propre gigafactory près de Dunkerque.

La techno d'hier, c'étaient les batteries nickel-hydrure métallique ou celles au plomb. Celle de demain ? Peut-être celles à électrolyte solide, cette recherche ayant le vent en poupe dans les labos[13]. Mais c'est bien le lithium-ion qui s'est imposé aujourd'hui car il permet de fabriquer les batteries présentant la meilleure capacité d'accumulation d'énergie par unité de masse. Cette technologie est donc la meilleure solution pour équiper le monceau de voitures électriques qui pointent leur nez. L'Agence internationale de l'énergie (AIE) relève en effet dans un rapport du 30 janvier 2022 l'incroyable dynamisme de ce marché : *« Sur l'ensemble de l'année 2012, environ 130 000 voitures électriques ont été vendues dans le monde. Aujourd'hui, autant sont vendues en l'espace d'une semaine »*. La commercialisation de ces engins a suivi une courbe en S, les ventes ayant longtemps été scotchées en bas du tableau. En 2019, 2,2 millions d'autos électriques étaient vendues dans le monde, soit 2,5 % des ventes mondiales. En 2020, c'était 3 millions pour 4,1 % des ventes totales. En 2021, 6,6 millions pour 9 % du marché automobile mondial[14]. *« Nous sommes dans la verticalisation de la courbe »*, note Philippe Chain.

---

13. L'électrolyte est le milieu dans lequel sont plongées les électrodes de la batterie. Il est traditionnellement liquide. Les batteries à électrolyte solide — souvent un polymère ou une céramique — peuvent présenter des meilleures caractéristiques de performance (densité énergétique par exemple), mais leur industrialisation n'est pas encore prête.

14. D'une façon assez déprimante, l'AEI relève que le gain en émission de CO_2 permis par l'usage des voitures électriques en 2021 a été annulé par l'augmentation parallèle des ventes de SUV. Son rapport en en ligne : https://bit.ly/3KMUScU

MAIS ALORS, TECHNIQUEMENT, COMMENT ÇA MARCHE ?

Si l'on dépiaute une batterie lithium-ion, on va y trouver trois constituants essentiels. D'abord une électrode négative, appelée « anode ». Ensuite, une électrode positive, la « cathode ». Et enfin, un liquide dans lequel trempent ces électrodes, l'« électrolyte », précédemment cité. Ce bain est un isolant électrique déterminant pour la suite. En effet, quand la batterie est branchée à un appareil électrique, elle se décharge. C'est-à-dire que le lithium contenu dans l'anode perd ses électrons (e-) qui, en ribambelle, forment le courant électrique. Comme celui-ci trouve route barrée dans les entrailles de la batterie — l'électrolyte étant isolant —, il file vers l'extérieur *via* le câble qui relie la batterie à l'appareil qu'elle alimente. Avec le départ de ces électrons, les atomes de lithium se transforment alors en ions Li+. Eux peuvent traverser l'électrolyte car ce liquide est un conducteur d'ions. Ils s'agrègent ensuite sur la cathode. Comme c'est l'autre borne du branchement électrique, ils y retrouvent les électrons perdus tout à l'heure (ils ont traversé le circuit électrique et sont revenus vers la batterie) pour redevenir des atomes de lithium. De fait, pour recharger la batterie, il suffit donc de la brancher sur le secteur afin de renvoyer les ions lithium de la cathode vers l'anode où ils sont stockés.

Si les industriels font aussi le pari du lithium-ion, c'est que la technologie s'est grandement perfectionnée en une dizaine d'années. Durée de vie, capacité de recharge, densité énergétique… Certains de ces facteurs se sont quasiment améliorés d'un facteur dix. Dans le même intervalle de temps, elles sont également devenues dix fois moins chères. Mais c'est aussi une technologie disponible, maîtrisée par les ingénieurs : il est possible d'embaucher des gens qui savent fabriquer des batteries sans qu'il soit pour autant nécessaire d'investir dans de coûteux brevets. Les années à venir devraient d'ailleurs voir éclore des perfectionnements du dispositif : elles viendront mécaniquement avec le « passage à l'échelle », comprenez les fabrications en très grandes quantités dans les gigafactories.

Sur ce point aussi, Musk a mis la mode au village global. En Europe, son idée de gigafactory a d'abord été dupliquée par deux anciens de Tesla, Peter Carlsson et Paolo Cerruti. Portés par l'idée que le Vieux Continent allait avoir besoin de batteries dans des quantités considérables, le tandem a fondé en 2015 la société Northvolt, spécialisée dans le lithium-ion. Cette dernière a installé sa propre « giga-usine » à Skellefteå, une ville industrielle de la principale zone minière de Suède où la toute première cellule de batterie électrique (il y a plusieurs cellules dans une seule batterie) est sortie fin décembre 2021. Le site doit produire de quoi équiper un million de véhicules électriques en batteries chaque année. La société a déjà des contrats pour une valeur supérieure à 25 milliards d'euros auprès de clients comme BMW ou Volkswagen et vise au moins 20 à 25 % du marché européen d'ici 2030.

C'est beaucoup, mais il reste de la place. Northvolt tout seul ne va pas suffire à faire assez d'usines de batteries pour le marché européen. Aussi, l'Union européenne, qui a participé à la création de ce nouveau géant industriel, vient de permettre l'émergence d'un second acteur : Verkor. L'Institut européen d'innovation et de technologie (EIT) est en effet l'organe européen qui s'est donné pour rôle, au travers de la structure EIT InnoEnergy, de faire décoller dans l'Union des entreprises innovantes dans le domaine de l'énergie. Grâce à des fonds européens, elle a ainsi financé successivement Northvolt et Verkor. Cette dernière, créée en juillet 2020 autour de six spécialistes des batteries, dont Philippe Chain, a rapidement embauché une équipe de trente spécialistes des batteries, essentiellement recrutés en Asie (Corée, Japon, Inde et Chine), où l'expertise sur les batteries est forte.

En juillet 2020, Verkor a amorcé à la fois la construction de sa gigafactory et un partenariat avec son premier client, Renault. La marque au losange a en effet annoncé qu'elle souhaitait passer au tout-électrique en Europe d'ici 2030. Elle a donc, dans ce but, réservé au moins 10 gigawattheures de capacité annuelle sur les 16 que fabriquera la gigafactory. *« Sachant que 16 gigagwattheures, cela correspond aux batteries pour 300 000 voitures électriques* », précise Philippe Chain. En juillet 2021, Renault a aussi investi dans Verkor à un peu plus de 20 % au sein d'une levée de fonds d'un montant total de 100 millions d'euros. Ce soutien financier et industriel a ainsi permis à Verkor, dont le siège est à Grenoble où elle a démarré en mode start-up avant de prendre cette ampleur toute particulière, d'annoncer que les travaux de construction de la gigafactory commenceront en 2023 à Dunkerque. Le site de plus de 150 hectares pourrait générer 1 200 emplois directs. Une quarantaine de lieux avaient été scrutés, dont certains en Italie et en Espagne, mais ce sont les Hauts-de-France (qui doivent accueillir deux autres sites industriels dédiés à la voiture électrique) qui ont finalement remporté la timbale. Cette initiative va à l'encontre des idées reçues. Après tout, la désindustrialisation de la France fait la une des médias, et elle se justifierait parce que cela coûterait moins cher de faire construire à l'étranger. « *Pour faire simple, ce qui est moins cher ailleurs c'est la main d'œuvre,* réagit Philippe Chain. *Dans la fabrication des batteries, très automatisée, ce poste représente une part faible de l'ordre de 5 à 8 % du coût final. Même si la main d'œuvre en Chine ou en Pologne est deux fois moins chère qu'en France, cela ne représente qu'un écart de 3 à 4 %. Notre ambition est de compenser cet éventuel écart par une meilleure compétitivité, donc en étant plus efficient* ».

La ruée vers l'or blanc

La déferlante des gigafactories pose évidemment la question de l'accès au lithium. Métal naturellement présent dans l'écorce terrestre, il existe sous forme dissoute, notamment dans des saumures ou des eaux souterraines géothermales, ou même sous forme solide « *au sein du réseau cristallin de minéraux, notamment les phosphates et les silicates* » ainsi que l'explique le Bureau de recherches géologiques et minières (BRGM)[15]. Quand on voit la fringale qu'ont les industriels pour ce type de batteries, on comprend alors le surnom d'« or blanc » qui lui a été donné. Sa fabrication nécessite désormais plus de 50 % de la demande mondiale en lithium, principalement pour équiper

15. Voir le rapport de mars 2020 du Bureau de recherches géologiques et minières publié sur le site « minéral info » du gouvernement : https://bit.ly/3Fhk3Dv

les véhicules électriques. « *La consommation totale de lithium pour cet usage est passée d'une part de marché de 20 % en 2008 à près de 58 % en 2018. Selon les prévisions, cette part pourrait passer à 85 % en 2025, voire 2030* », continuent les experts. Au risque de manquer ? Le magazine économique *Forbes* évoquait justement le spectre d'une pénurie dès 2025[16]. Dans un entretien au magazine *La Recherche* publié en 2018, le spécialiste des batteries Jean-Marie Tarascon était quant à lui plus nuancé : « *Il y a sept ou huit ans, on évoquait beaucoup ce problème. C'était exagéré. On pourra récupérer et recycler le lithium, c'est une question purement économique. La technique existe et c'est l'un des marchés futurs. Je pense qu'il y aura autant de potentiel économique dans le recyclage des batteries que dans leur assemblage*[17] ».

L'impact écologique dû à l'exploitation du lithium devient aussi un sujet de débat de société. Ainsi, en Bolivie, au salar d'Uyuni, l'extraction du lithium menace « *le plus grand désert de sel du monde* », pouvait-on lire dans le *National Geographic* en février 2019[18]. De son côté, le groupe minier australien Rio Tinto a eu les yeux de Chimène pour un site repéré dans la vallée du Jadar, en Serbie. Il aurait pu devenir le plus grand gisement de lithium en Europe. Le gouvernement serbe a toutefois enterré ce gigantesque projet industriel sous la pression de la population.

Avec l'avènement des batteries lithium, on constate en tout cas que Musk a vraiment inventé une nouvelle façon de procéder. Ses gigafactories, qui se caractérisent par ailleurs par la digitalisation des procédés de fabrication, sont devenues une norme dans le business. Qu'entend-on par-là ? Pour le savoir, il faut aller voir ce qu'il se passe dans les entrailles d'une gigafactory de batteries. C'est un processus continu où de très nombreuses étapes s'enchaînent à un rythme soutenu…

16. L'article de *Forbes* : tinyurl.com/bddkfwc7

17. L'entretien avec le chimiste et professeur au Collège de France est à lire en ligne : https://bit.ly/3P08YLy

18. L'article de *National Geographic* : https://bit.ly/3M40txb

L'INDUSTRIE 4.0 DE L'USINE DIGITALE

Tout commence par le placement de feuilles de cuivre et d'aluminium sur des tapis roulants défilant sous de gros rouleaux semblables à ceux d'une imprimerie. Ces feuilles sont ensuite enduites d'une sorte d'encre, mixture constituée d'un mélange de poudre noire (les matériaux actifs d'anode et de cathode) et de solvants. Les plaques ainsi constituées sont des électrodes et glissent dans un immense four — 100 mètres de long — permettant à l'ensemble de sécher à grande vitesse. Après cette étape, les plaques sont « calandrées », comprenez tassées (comme on le ferait par exemple à l'aide d'un rouleau à pâtisserie), puis découpées à la bonne taille et empilées grâce à une trieuse évoquant celle utilisée pour les billets de banque et dans laquelle des séparateurs, semblables à des feuilles de papiers, sont intercalées entre chaque élément métallique. Au final, les mille-feuilles sont encapsulées dans des poches en aluminium plastifiées semblables à celles des dosettes de café. Voilà une cellule, bientôt remplie d'un électrolyte. Elle doit ensuite passer à l'étape de la formation électrique, succession de nombreuses charges et de décharges électriques destinées à entraîner la cellule au stockage de l'énergie…

Vous l'aurez compris, tout ce processus est très long, et nombreux sont les aléas qui peuvent survenir au cours de la réalisation. Imaginez qu'au début, pendant le « tartinage », une poussière tombe entre les ingrédients constitutifs de la batterie. Par définition, cette poussière est toute petite et passe inaperçue. Mais *in fine*, sa présence se traduira par l'apparition de problèmes à l'étape de la formation. La cellule charge alors trop vite, moins vite, il y a un court-jus… À la survenue du moindre pépin, les ingénieurs doivent scruter à la loupe toutes les cellules fabriquées à partir de celle sur laquelle le problème a été détecté. Comment s'y prendre ?

En s'appuyant tout simplement sur l'intégration numérique qui permet de fluidifier le contrôle des processus de fabrication. Tout au long de la chaîne de production, des caméras, des lasers, des capteurs d'épaisseur, de température et de vitesse enregistrent les données à chaque étape. Les machines

d'usine contemporaines sont déjà pourvues de ces systèmes de contrôle et envoient désormais ces *data* dans un serveur où elles sont enregistrées.
Ainsi, le jour où notre poussière sèmera le bazar dans les cellules, les ingénieurs pourront fouiller dans les données du serveur pour y détecter le problème. Un peu comme on décrypte une boîte noire après une catastrophe aérienne.
L'usine digitale va un cran plus loin. Dans cette industrie 4.0, selon l'expression désormais consacrée, les machines vont directement dialoguer entre elles, plutôt que d'envoyer leurs informations dans un serveur. L'ajout d'une couche d'intelligence artificielle permet d'analyser toutes ces données en temps réel. Ainsi, à l'instant même où la poussière s'intercale dans la batterie en construction, elle est repérée par les différents capteurs et l'alerte est immédiate. Le problème est circonscrit. Les ingénieurs peuvent décider de signaler la cellule contaminée avec un gros point rouge, ou bien de la mettre au rebut. Dans tous les cas, la réaction survient immédiatement après la détection du problème.

La numérisation du système de production va dans le sens de l'histoire industrielle. Toutefois, les sites déjà installés, du fait des machines mises en place et des habitudes établies depuis de longues années, peuvent peiner à opérer cette transformation. C'est donc là que réside toute la chance de Musk et des nouveaux constructeurs de gigafactories ; en construisant des usines toutes neuves, ils partent de zéro et peuvent ainsi gagner un cran en se dirigeant directement vers cet étage numérique. Tout comme la voiture électrique de Tesla considérée comme un smartphone sur roues, l'usine numérique s'apparente à un ordinateur industrieux.

PANNEAUX SOLAIRES

Tesla a acheté en 2016 la société SolarCity, spécialisée dans la vente et la pose de panneaux solaires. Elle avait été créée dix ans plus tôt par Peter et Lyndon Rive, qui ne sont autres que les cousins d'Elon Musk. Les activités de SolarCity ont été absorbées dans la filiale Tesla Energy, dédiées aux énergies renouvelables. Elle développe notamment des bardeaux solaires à l'apparence très semblables à ceux des matériaux qui recouvrent classiquement les toits. Avec l'intégration de SolarCity, Tesla entend jouer la carte de l'intégration verticale dans le domaine de l'énergie renouvelable : ses panneaux solaires produisent l'électricité, ses batteries la stockent et ses voitures la consomment.

Recruté par Elon Musk !

Ce n'est donc pas pour rien que les fondateurs de Northvolt sont des anciens de Tesla. C'est aussi le cas du co-fondateur et directeur technique de Verkor, Christophe Mille, et de Philippe Chain. Cet ingénieur, diplômé de Mines ParisTech, a travaillé chez le constructeur californien de 2011 à 2012. Il a même été recruté par Musk lui-même ! Une occasion privilégiée d'entrevoir un portrait du milliardaire au travail. S'il aime à se mettre en scène — il a même participé à l'émission culte humoristique américaine *Saturday Night Live*, durant laquelle il a par ailleurs affirmé être atteint du syndrome d'Asperger, une forme d'autisme[19] —, son comportement au jour-le-jour intrigue. Mais avec Philippe Chain, on tient désormais « l'homme qui a vu l'homme qui a vu l'ours » !

En écoutant l'ingénieur, on comprend que Musk n'est pas du genre à vous taper dans le dos. *« En revanche, c'est quelqu'un d'extrêmement charismatique, fascinant, intelligent et visionnaire »*, commente-t-il. Richard Heidmann, qui a rencontré Musk aux États-Unis pendant un dîner de gala organisé par la Mars Society, m'avait déjà parlé de la *« force »* dégagée par le personnage. « *Il sait emmener les gens, les faire adhérer*

19. Le passage de Musk à *SNL* date de mai 2021 : https://bit.ly/3vKPh2r

à sa vision, continue de son côté Philippe Chain. *Il est vraiment très, très fort pour ça. Et puis, il a ce truc qui inspire beaucoup de monde — dont moi ! — c'est le* "first principle" ».

On touche là au cœur du personnage. « *Elon pose souvent la question : Quelle est la loi de la physique qui m'empêche de faire ça ?, continue le co-fondateur de Verkor. Le retour au principe premier, en particulier celui de la physique. Prenez l'exemple du voyage vers Mars. Lui veut y aller ; les autres disent que cela ne s'est jamais fait. Alors il demande : Y a-t-il une loi de la physique qui m'en empêche ? Non, il n'y en a pas, d'ailleurs les calculs montrent qu'une très grosse fusée en est capable. Alors, il décide de faire le Starship. C'est ça le* "first principle". *Si ce n'est pas impossible, alors c'est possible. Voilà quelque chose de vraiment chevillé en lui* ».

Chain en arrive ensuite à son recrutement chez Tesla. C'était en 2011. L'ingénieur était alors chez Renault où il travaillait sur les voitures électriques. Son CV étant sur LinkedIn — plutôt avant-gardiste pour l'époque — il reçoit un jour un message d'une certaine Tiffany, recruteuse chez Tesla : « *Votre profil nous intéresse.* » « *Je connaissais Tesla, qui ne faisait à l'époque que le Roadster,* se remémore le Français. *Pour moi qui travaillais chez Renault, c'était tout au plus des fabricants de jouets pour milliardaires. Pas des constructeurs de voitures. Mais j'étais curieux et les entretiens s'étant bien passés, Tiffany a fini par me proposer un rendez-vous avec Elon* ». Comme nous ne sommes pas encore à l'époque de Zoom, cela prend la forme d'un entretien téléphonique. Forcément compliqué avec le décalage horaire entre la France et la Californie, un créneau est tout de même bloqué et Philippe Chain, le portable vissé à l'oreille, se met au calme dans un bureau et commence l'entretien. « *Là, j'entends : "Hello, tell me about yourself". Très bien, je commence, je raconte avoir fait ceci, fait cela… Et à l'autre bout du fil j'entendais : "Ah hum, ah hum". Alors je continue et toujours "Ah hum". Quarante minutes de "Ah hum". Pas un autre mot* ». Et puis, d'un coup, un « *Ok, thank you* », et clang ! Musk raccroche.

Un flop, à l'évidence. Pourtant, dix minutes plus tard, le téléphone sonne. C'est Tiffany : « *He liked you so much !* ». « *Ah bon !* s'amuse Philippe Chain, *ce n'était pas très perceptible* ». Le processus de recrutement continue et l'ingénieur est invité à venir en Californie. À nouveau le dispositif est complexe : Musk habite à Los Angeles, là où est implanté SpaceX, mais Tesla est à San Francisco. Il fallait donc s'organiser. Voilà le programme : Philippe Chain atterrit à L.A., au sortir de l'aéroport il a un entretien avec Elon dans son bureau chez SpaceX, et le soir il reprend l'avion pour filer à San Francisco rencontrer le reste de l'équipe chez Tesla. *« J'arrive à Los Angeles un peu fatigué par le changement d'heure, j'entre dans le bureau d'Elon et il me dit… "Tell me about yourself". Alors je recommence ; la différence c'est que cette fois je le voyais agiter la tête en faisant "Ah hum" ».*

Au bout d'une quinzaine de minutes, Musk pose deux ou trois questions au Français, la conversation s'engage davantage. Mais ça ne dure pas vraiment. *« Il dit "OK that's good", regarde sa montre et ajoute "Oh, we have a lot of time. Would you like a tour around ?" »* continue Chain. Le Frenchy a alors droit à une visite privée de SpaceX : *« On ne l'arrêtait plus. Il m'a raconté tout, comment il avait fait SpaceX, son bébé, son œuvre, à quoi ça servait, comment ça marchait. Là encore* "first principle" *: il m'a dit : "Les fusées, ce n'est pas compliqué, c'est de l'aluminium usiné. Au poids, ça devrait être dix fois moins cher que les prix de la NASA ou d'*Ariane. *Du coup, j'ai décidé d'acheter des centres d'usinage numériques et de l'aluminium pour fabriquer des fusées qui coûteront moins cher". En entendant cela, on se dit qu'il exagère, que c'est forcément plus compliqué… Pourtant, la suite lui a donné raison. Même si ses lanceurs sont plutôt trois fois que dix fois moins chers ! ».*

Finalement, Philippe Chain est engagé chez Tesla, où il restera jusqu'à la fin 2012 au poste de directeur de la qualité. Musk devient alors son supérieur direct. Habitant à Los Angeles, le patron de Tesla passait deux jours par semaine à San Francisco, des journées très remplies pendant lesquelles il était 24 heures sur 24 avec ses équipes. Le futur cofondateur de Verkor découvre alors le Musk opérationnel. *« Il agit comme s'il avait une capacité, non pas d'écoute, mais d'entendre mille fois supérieure aux autres. Cela veut dire que vous allez prononcer un demi-mot, et il a déjà tout compris. Je ne sais pas si c'est vrai, mais en tout cas il se comporte comme cela ».* Musk déteste ainsi écouter un exposé. Il considère ne pas avoir besoin de cela pour comprendre ; s'il n'a pas capté, c'est encore pire, il s'énerve en râlant que tout aurait dû être clair dès la deuxième ligne ! *« En revanche, il est très ingéré dans les affaires,* reprend Chain. *Il s'implique profondément dans les idées, les projets, les sujets, en disant : "Cela, ça m'intéresse, expliquez-moi, c'est une bonne idée, ça c'est débile". Tout va très vite ! »*

Le boss est aussi du genre à ne pas lâcher une idée ou une solution qu'il considère être la bonne. Même — souvent ! — contre l'avis de ses collaborateurs. *« Il y a un bon exemple, c'est celui de la poignée de porte de la Tesla Model S,* explique Philippe Chain. *C'est une sorte de tiroir escamotable assez remarquable. Depuis le début, tous les ingénieurs lui expliquaient que c'était trop compliqué, trop fragile, que cela ne pouvait pas marcher. Un tiroir comme cela prend de la place dans l'épaisseur de la porte, juste à l'endroit où il y a la vitre qui descend. Il y avait énormément de bonnes raisons de ne pas le faire. Et d'ailleurs, tous les autres constructeurs ne le font pas. Sans doute pour cela, et parce qu'il s'était mis en tête que c'était joli, techno et chic, il a insisté pour que ce soit fait. Il a eu raison. Tout le monde a remarqué la poignée de porte escamotable de la Model S, quand les gens la prenaient en photo, ils la photographiaient… Elle participe à l'expérience utilisateur de la voiture et au fait qu'elle est particulière ».*

Y A-T-IL UN PILOTE DANS L'AUTO ?

DE LA VOITURE AUTOMATISÉE À LA VOITURE AUTONOME

Les niveaux d'automatisation

Faites le test ! Dites « voiture autonome » aux gens et vous verrez qu'ils vous répondront certainement qu'il s'agit d'une « auto qui roule toute seule ». Derrière le volant (quel volant ?), ils s'imaginent un passager en train de ronfler ou de regarder Netflix sur le tableau de bord. Là encore, cette imagerie d'une voiture comme douée de sa propre volonté a été façonnée par la science-fiction. Pensez à un programme télé vintage comme *K 2000*, la série avec David Hasselhoff et son bolide KITT (Knight Industries Two Thousand), une bagnole noire 100 % autonome (et dotée de la parole !).

Cette idée de laisser les clés à la voiture, Elon Musk l'a faite sienne. Les voitures Tesla sont déjà équipées d'un dispositif d'assistance que la marque a appelé « Autopilot », ainsi que de deux options supplémentaires, l'« Autopilot Avancé » et la « Capacité de conduite entièrement autonome » (« *Full self driving* » en anglais). Mais attention, contrairement à ce que peuvent laisser entendre ces terminologies, ces systèmes d'aide à la conduite ne permettent pas, à l'heure actuelle, au véhicule de se débrouiller seul. Au contraire, la marque insiste sur le fait que *« les fonctionnalités Autopilot, Autopilot Amélioré et Capacité de conduite entièrement autonome sont conçues pour être utilisées par un conducteur vigilant dont les mains sont sur le volant et qui est prêt à reprendre le contrôle de son véhicule à tout moment*[20] ».

Il n'en reste pas moins que Musk promet qu'arrivera le jour de la conduite sans intervention humaine. Le milliardaire l'affirme de façon récurrente, comme dans cette déclaration de janvier 2021 rapportée par le *New York Times* et demeurée un vœu pieux : « *Je suis très confiant sur le fait que la voiture se conduira d'elle-même avec une fiabilité supérieure à celle de l'humain avant la fin de l'année*[21] ». Nous n'en sommes pas encore là mais, c'est vrai, l'esprit des conducteurs est d'ores et déjà préparé à laisser de plus en plus d'initiative à son auto. Car les voitures — et évidemment, pas seulement celles de Tesla — sont désormais dotées, et depuis maintenant des années, de dispositifs d'aide à la conduite. Avec le régulateur de vitesse, les contrôles de distances de sécurité et de trajectoire, les « bip-bip » de l'aide au stationnement… l'automobiliste est déjà habitué à ce que son véhicule lui donne un petit coup de main, dans certains cas de figure très spécifiques. Toutefois — et c'est fondamental —, l'être humain est aujourd'hui encore le seul maître à bord. C'est lui qui regarde au-delà du pare-brise l'environnement de la route, les panneaux de signalisation, les feux tricolores, les passages cloutés et tout le toutim pour décider des mouvements de volants et des jeux de pédalier. C'est bien lui qui commande et conduit, pas la machine.

Dans un projet de voiture autonome, on assiste au basculement de cette situation : c'est l'auto qui dirige. Pareil véhicule doit être capable de se substituer au conducteur. L'engin regarde la route, interprète ce qu'il se passe et décide de l'action à réaliser. Quand c'est le cas pour toutes les situations de conduite, alors on est face à une voiture 100 % autonome. Mais avant d'arriver à cela — et si on y arrive un jour —, il y a plusieurs paliers à franchir. C'est pourquoi, les industriels ont défini différents niveaux d'autonomie. Il y en a six en tout, qui vont de 0 à 5. « *C'est seulement au niveau 5 que le véhicule est dans une*

---

20. À lire ici : https://www.tesla.com/fr_FR/support/autopilot-and-full-self-driving-capability.
21. Dans cet article du 6 décembre 2021 : https://nyti.ms/3kLLPyg

autonomie totale. Le conducteur n'est alors plus nécessaire », relève Salim Hima, responsable de la majeure véhicules électriques et autonomes à l'école d'ingénieurs ESME.

Cette échelle a été adoptée par la plupart des acteurs de l'industrie automobile, mais il n'existe pas vraiment de définition rigide qui permettrait d'indiquer que telle fonctionnalité pourrait entrer dans tel niveau. 0, 1, 2, 3, 4 et 5… Cette catégorisation est finalement assez théorique. « *Cela n'a pas trop de sens de considérer que l'on saute comme cela d'un niveau à l'autre,* relève Catherine Tessier, chercheuse et référente intégrité scientifique et éthique de la recherche à l'ONERA (Office national d'études et de recherches aérospatiales). *C'est davantage un* continuum. *Pensez à une voiture roulant en mode de conduite automatisée sur l'autoroute : en arrivant à une sortie, l'être humain à bord reprend la main sur un certain nombre de fonctions. Cela n'est donc pas vraiment pertinent de dire que l'on est en niveau 1, 2 ou 3. On aime bien utiliser ce genre de cases, mais en pratique cela ne marche pas comme cela, les transitions sont fluides* ».

Le choix des mots est ici très important. L'enjeu est de distinguer ce qui relève de « l'automatisation » de certaines fonctions du véhicule et de l'auto qui serait « autonome ». Ainsi, en avril 2021, le Comité national pilote d'éthique du numérique (CNPEN) a rendu un avis consacré à ces questions. Le document insiste sur la nécessité d'adopter l'appellation « véhicule à conduite automatisée » dans les textes réglementaires au lieu de « véhicule autonome », la seconde expression laissant supposer trop facilement que l'être humain a disparu de la conduite de l'automobile. « *Cela commence à entrer,* constate Mme Tessier, directrice adjointe du CNPEN. *Quand on va sur le site du ministère de la Transition écologique, le vocabulaire a évolué* ». Le directeur du CNPEN, Claude Kirchner, insiste lui aussi sur l'importance quant au choix des mots : « *Cela pourrait paraître un détail, mais ça ne l'est pas* ».

Difficile en effet de ne pas penser à la phrase d'Albert Camus : « *Mal nommer un objet, c'est ajouter au malheur de ce monde* ». En l'espèce, c'est à prendre au pied de la lettre car les accidents de « *self-driving cars* » peuvent survenir lorsque l'usager a une confiance aveugle en la machine. À tort, puisque, dans les conditions de route telles que ces engins sont actuellement utilisés, l'attention du conducteur est absolument nécessaire. L'exemple tragique a été apporté par le premier accident mortel impliquant une Tesla. Le 7 mai 2016, un véhicule avec le pilote automatique enclenché était venu s'encastrer dans un camion traversant la route devant lui. La NHTSA (National Highway Traffic Safety Administration, l'agence publique américaine chargée de la sécurité routière) avait alors ouvert une enquête afin de déterminer si le système de perception du véhicule était en cause : en effet, la remorque blanche du camion aurait pu être confondue avec le ciel en arrière-plan. Mais l'Autopilot a finalement été mis hors de cause. Et, selon un témoignage rapporté par *The Guardian,* le pilote de la Model S aurait été par ailleurs en train de regarder un film de la série des *Harry Potter* au moment du crash[22].

Ce cadre étant posé, il est bien nécessaire de tenter une définition de ces fameux six niveaux d'automatisation[23]. Une façon de les décrire consiste donc à le faire en fonction de l'implication du pilote.

Niveau 0 L'être humain est le patron. Il ne bénéficie d'aucune assistance à la conduite. Celle-ci ne commence qu'au niveau 1.

Niveau 1 Certains le surnomment « *feet off* » (« sans les pieds »), parce que ce niveau possède une gestion assistée de la vitesse. Par exemple avec le système ABS (de l'allemand *antiblockiersystem*) qui empêche le blocage des roues lors du freinage. Le régulateur de vitesse adaptatif (dit ACC comme « *Adaptative Cruise Control* ») correspond aussi à ce scénario : *« Il est capable de maintenir une vitesse souhaitée s'il n'y a pas d'obstacle sur la route. Et s'il y en a, il freine et adapte sa vitesse et ses distances de sécurité. Le système est automatisé mais le conducteur doit être capable de prendre la main »*, commente Salim Hima.

Niveau 2 Dit « *hands off* » (« sans les mains »). À ce niveau, la conduite est partiellement automatisée ; il est possible de parfois lâcher le volant parce que l'auto peut gérer seule ses déplacements selon les axes longitudinal

22. L'article de *The Guardian* du 1er juillet 2016 : tinyurl.com/ym8vapa3
23. Le classement de niveaux par l'organisation internationale Society of Automotive Engineers (SAE) est accessible ici : https://bit.ly/3P4jYYm

(devant/derrière) et latéral. Cette manœuvre peut être prise en charge par le système dit de centrage de voie (*lane centering*) pour maintenir le véhicule centré sur son axe de circulation. Le niveau 2, c'est le maximum atteint à l'heure actuelle par Tesla avec son Autopilot.

Niveau 3 Ici, la voiture entre vraiment dans le domaine de l'autonomie. Certains qualifient ce palier de « *eyes off* » (« sans les yeux »). Le véhicule prend seul en charge certaines phases de conduite — pour des temps et sur des lieux restreints — permettant alors au conducteur de décrocher son attention de la route. Ce cap, aussi bien technique que symbolique, le constructeur allemand Mercedes l'a franchi en décembre 2021, en obtenant l'homologation pour son système d'aide à la conduite de niveau 3. Concrètement, cela signifie que l'usager de la très chic Mercedes-Benz Classe S pourra laisser faire la voiture et lâcher le volant lorsqu'il sera coincé dans un trafic congestionné ou au moment d'avaler l'asphalte sur l'autoroute (pas trop vite quand même, le système se bloque au-delà de 60 km/h, ce qui en limite franchement l'usage). Ainsi, le conducteur pourra dans ces moments-là dédier son attention au système tactile embarqué pour surfer sur le web ou envoyer des mails si ça lui chante.

Avant Mercedes, c'est le japonais Honda qui a été le premier constructeur au monde à obtenir une autorisation pour une automatisation de niveau 3. Sa technologie Traffic Jam Pilot a pris la place du conducteur dans la désormais classique situation d'embouteillage. *« Le développement du système s'est appuyé sur la simulation d'environ 10 millions de scenarii de situations réelles, ainsi que sur de nombreux tests de démonstration menés avec des véhicules d'essai qui ont parcouru environ 1,3 million de kilomètres sur voies rapides »* précisait le constructeur dans le communiqué de presse qui annonçait la commercialisation de ces autos à partir de mars 2021 au Japon[24].

On l'a compris, *« le niveau 3 ne correspond qu'à des conditions de conduite bien spécifiques »*, insiste Salim Hima. Le conducteur doit pouvoir reprendre le contrôle de son véhicule si la situation l'exige.

---

24. Le communiqué de presse de Honda : https://bit.ly/3w94qK8

Niveau 4 Les véhicules gagnent encore en autonomie. C'est l'étape « *mind off* », (« la tête ailleurs »). À ce niveau, l'attention du conducteur n'est plus requise dans certaines phases de conduite et dans des zones géographiques déterminées mais de plus en plus étendues permettant ainsi à l'auto d'entreprendre, seule, certaines actions.

Niveau 5 Voilà venue l'autonomie totale. Il n'y a plus de conducteur, seulement des passagers. Volants ou pédales, les organes de commande classique pourraient devenir optionnels. *« L'interaction avec les personnes n'est plus requise »*, résume Salim Hima.

Pour autant, il faudra quand même que l'usager indique où il veut aller ! Mais une fois arrivé à destination, il pourrait demander à sa voiture de rentrer à la maison… toute seule, à condition que l'auto lui appartienne. Ce type de scénario permet aussi de penser à des flottilles de voitures sans pilote partagées par tous les usagers. C'est l'idée d'un Uber sans chauffeur, une idée très séduisante pour la plateforme dont l'ancien patron Travis Kalanick avait déclaré en 2014 que *« si le service d'Uber est cher, c'est parce que vous payez pour l'autre gars dans la voiture*[25] *»*.

En tout état de cause, l'idée de véhicules autonomes pour des transports partagés ou collectifs est aussi un axe de développement fort de cette technologie. Et comme avec Musk, Mars n'est jamais loin, les cinéphiles se souviendront des taxis autonomes de la planète rouge colonisée dans le film *Total Recall* (1990) de Paul Verhoeven, adapté du grand romancier Philip K. Dick. Les voitures roulent toutes seules ; les sortes d'hommes-troncs plantés sur le tableau de bord — des robots semblables à des automates de parc d'attraction — sont seulement là pour enregistrer la destination de la course. Et, accessoirement donner l'impression au passager qu'il y a bien un pilote dans l'avion (ou plutôt dans le taxi).

---

25. Très critiqué pour son management violent, Travis Kalanick ne dirige plus Uber depuis 2017. Voir l'article de *Business Insider* du 28 mai 2014 ici : https://bit.ly/3KLB9KQ

Un « jumeau numérique » du conducteur

Pour l'heure, une voiture de Madame et de Monsieur Tout-le-monde au niveau 5, ça n'existe pas… Cependant, Elon Musk la prédit pour un avenir proche. Dans une intervention vidéo à l'occasion de la Conférence mondiale sur l'intelligence artificielle (WAIC) à Shanghai en 2020[26], il se déclarait confiant de ce que l'autonomie totale serait atteinte par Tesla *« avant la fin de l'année »*, précisant considérer *« qu'il n'y a plus de problèmes fondamentaux qui empêchent d'y accéder »*. Il ne demeurait plus que quelques *« petites difficultés »* qui pourraient être réglées *« par des adaptations de logiciels »*.

Mais à nouveau, le temps muskien n'est pas le temps réel, puisque le délai n'a pas été tenu et que Tesla n'en est toujours qu'au niveau 2. Ainsi, le milliardaire avouait la difficulté d'entraîner sur pistes d'essai ou en labos la voiture qui roule toute seule, parce que ces conditions sont par essence différentes de ce que l'on rencontre dans la vie. *« Toute simulation que nous créons est forcément un cran en dessous par rapport à la complexité du monde réel »*, précisait Musk dans son intervention au WAIC, lâchant également que *« rien n'est plus complexe et bizarre que le monde réel »*.

Ce constat est partagé par tous les experts. Rien n'est plus difficile que d'envisager tous les cas de figure entraînés par la conduite automobile. Pourtant, il est bien des scientifiques qui se confrontent à cette tâche assez herculéenne. En France, l'Institut VEDECOM[27] a développé un programme stupéfiant dans son ampleur. Il ne s'agit rien de moins que de construire un « jumeau numérique » du conducteur automobile. Ainsi, dans le cadre de son programme MOOVE lancé en 2015, l'Institut a fait rouler en Europe neuf véhicules équipés de caméras, de radars, de lidars (voir encadré page 133)... bref la panoplie des capteurs classiquement nécessaires aux voitures autonomes.

---

26. L'intervention vidéo de Musk au WAIC est à voir sur YouTube : https://bit.ly/37m8X3w
27. L'Institut pour la Transition Énergétique (ITE) VEDECOM est spécialisé dans les mobilités du futur. Il s'agit d'une fondation partenariale publique/privée créée en 2014 dans le cadre du Programme Investir l'Avenir (PIA).

Au cours de cette expérimentation, les véhicules ne fonctionnaient pas en mode autonome : il y avait bel et bien un conducteur au volant et c'était lui le patron de la machine. Néanmoins, le dispositif a permis d'avaler du bitume tous capteurs ouverts pour *« se mettre dans la peau du véhicule autonome et voir tout ce qui se passe autour de lui, avec le niveau de représentativité le plus haut possible et dans les conditions les plus diverses »*, explique Laurent Durville, chef de projet MOOVE à VEDECOM. Il faut d'ailleurs relever que le comportement du pilote humain a lui aussi été scruté à la loupe. Placées à l'intérieur de l'habitacle, des caméras étaient focalisées sur ses mains, ses pieds et ses yeux tandis qu'une tablette numérique lui était mise à disposition afin qu'il mette l'accent, en temps réel, sur les situations de conduite critiques ou singulières.

Cette première phase de MOOVE a permis d'enregistrer les données recueillies sur 1 million de kilomètres de roulage. Elle était focalisée *« sur des voies à chaussées séparées,* reprend Durville. *L'objectif était d'attaquer des fonctions de conduite autonome sur autoroutes, des dépassements, des insertions, des embranchements, en situation fluide comme embouteillées »*. Mené par VEDECOM en partenariat avec les constructeurs automobiles PSA et Renault et l'équipementier Valeo, MOOVE s'est traduit par l'enregistrement de 350 teraoctets de données dans dix-sept pays européens. Outre les autoroutes et les voies rapides, ces véhicules ont taillé la route dans les Alpes, entre neige et brouillard, ont traversé des tunnels, et franchi les grands ponts d'Europe de l'Ouest. Cela ne représente rien de moins que 15 000 heures de conduite ! *« Deux flottes de véhicules se sont succédées,* précise Laurent Durville. *Une première de six véhicules pour commencer à rouler et manger vite de la donnée. Une seconde flotte est allée accrocher des détections qu'on ne parvenait pas à faire avec la première flotte »*. Concrètement, il s'agissait de raffiner la perception latérale. *« Il se passait des choses sur le côté du véhicule que l'on ne voyait pas bien »*, reprend le chef du projet MOOVE.

Les capteurs de la voiture lui servaient en effet à observer son environnement à 360°. Ce qu'il y avait derrière elle et, évidemment ce qu'il y avait devant. Toutefois, comme le précise Laurent Durville, les ingénieurs avaient identifié une zone d'ombre quant à l'éventuel passage d'un objet à côté de l'auto. Bien sûr, il était possible de reconstituer artificiellement son cheminement par un jeu de déduction : sachant que cet élément a d'abord été détecté derrière et qu'on le retrouve ensuite devant, il est possible de calculer qu'il est passé par la droite ou par la gauche à telle vitesse… Mais le procédé n'était pas satisfaisant. « *Il manquait des points d'échantillon,* explique Laurent Durville. *La deuxième flotte a servi à couvrir cela. Elle s'est confrontée à un certain nombre de scenarii à risques : des situations à appréhender par le véhicule autonome sur des remontées de files de motards, des véhicules d'urgence, où il est nécessaire d'avoir besoin de beaucoup de précision sur ce qu'il se passe sur les voies latérales* ».

L'enregistrement de ces données n'était pas l'objectif final de MOOVE mais il a toutefois été nécessaire à l'établissement de différentes classes de scenarii possibles quant aux aléas de la route. Du point de vue des probabilités, c'est un vrai arbre buissonnant ainsi que le décrit Laurent Durville : « *Prenons un exemple : un véhicule se rabat devant moi dans ma voie. Cette situation assez simpliste peut se passer sur une infrastructure à deux voies, à trois voies, à quatre voies... Avec un virage, en ligne droite, en pente, dans un tunnel, en situation de travaux, avec une voie neutralisée devant moi. Cela ne concerne que les conditions d'infrastructure. Il y a aussi celles liées au climat : on peut rouler par temps de pluie, de neige, de soleil, etc. Avec aucun autre acteur ou, au contraire, plein de véhicules dans l'environnement. À une vitesse de 10 km/h comme à 130 km/h. Et avec des distances en jeu qui peuvent être extrêmement variables* ». Le programme MOOVE a donc servi à définir la foultitude de possibilités qui module le simple rabattement d'un véhicule devant la voiture autonome, et de dresser l'étendue des paramètres qui décrivent cette situation. De quoi donner du grain à moudre à l'industrie automobile, pour employer ces scenarii afin de parfaire l'automatisation des véhicules destinés à la commercialisation.

Pour l'heure, les situations de conduite en ville n'entrent pas dans le programme MOOVE (mais « *le sujet va être ouvert* » commente Laurent Durville). Entre-temps, d'autres projets liés à la voiture autonome se sont frottés au sujet, et plus particulièrement à une spécialité française : le rond-point ! « *La France est aujourd'hui le pays ayant le plus de ronds-points au monde. Il en existerait entre 30 000 et 40 000, soit près de la moitié des ronds-points comptabilisés dans le monde* », relève ainsi le journal du CNRS dans un article consacré à l'expérimentation menée par les scientifiques du laboratoire Heudiasyc (Heuristique et Diagnostic des Systèmes Complexes) de l'Université de technologie de Compiègne[28]. En juillet 2021, ces scientifiques ont ainsi testé l'insertion de leur voiture autonome expérimentale sur des ronds-points des Yvelines, près de Rambouillet. L'engin avait auparavant été dûment expérimenté sur des pistes d'essais, mais c'était alors la première fois qu'il était utilisé dans des conditions naturelles, c'est-à-dire avec tous les autres usagers de la route. Afin d'éviter le danger, un conducteur était néanmoins bien présent dans l'habitacle de la voiture, afin de réagir en cas d'urgence.

Pour autant, les projets de VEDECOM et d'Heudiasyc ne sont pas les seuls en France consacrés à la voiture autonome. Signe du très fort engouement qu'a connu cette discipline, l'État annonçait en 2019 se lancer dans seize expérimentations, la ministre chargée des Transports Élisabeth Borne[29], y voyant là le signe d'un *« combat pour que la mobilité soit accessible à tous nos concitoyens où qu'ils vivent »*. Ce plan intégrait notamment le volet SAM — « Sécurité et Acceptabilité de la conduite et de la Mobilité autonome » — avec par exemple une expérimentation de roulage en Île-de-France de véhicules Renault et PSA sur des voies à chaussées séparées, ou encore l'emploi de plusieurs navettes automatisée dans le bois de Vincennes ou au cœur de Rouen.

En 2021, sur le campus de Saclay, en région parisienne, le constructeur automobile au losange a par ailleurs proposé à un panel d'utilisateurs vivant ou travaillant sur place d'utiliser une Renault Zoe autonome pour se déplacer[30]. L'ensemble de ces expérimentations devait avoir avalé 1 million de kilomètres entre leurs lancements et 2022. Seront-elles vraiment de nature à désenclaver les sites isolés ? La France rurale, celle qui pâtit le plus du manque de solutions pour

28. L'article du journal du CNRS : https://bit.ly/3LSGCkg
29. Élisabeth Borne est devenue ministre du Travail, de l'Emploi et de l'Insertion en 2020.
30. Voir l'article de L'Usine digitale : https://bit.ly/3Fmm9BL

des transports collectifs, aura-t-elle les moyens d'accéder à ce type de développement, ou sont-ils paradoxalement de nature à augmenter la fracture entre les territoires ? Il n'est reste pas moins qu'entre le lancement de ce programme et aujourd'hui, on ne peut pas s'empêcher de penser que le temps s'est gâté pour la voiture autonome…

LIDAR OR NOT LIDAR ?

Qu'est-ce qu'un lidar ? Pour Elon Musk, ce n'est qu'« une quête imbécile » et quiconque se reposerait dessus est « maudit ». Diable vert ! Quelle est donc cette technologie ainsi publiquement descendue en flèche par l'entrepreneur milliardaire (c'était en avril 2019 pendant le Autonomy day, un événement organisé par Tesla pour ses investisseurs) ?

Pour définir le lidar… autant passer par le radar. Vous savez que ce dispositif émet une onde électromagnétique dont elle reçoit l'écho réfléchi par un obstacle, ce qui lui permet de calculer à quelle distance il se trouve. Eh bien le lidar fonctionne selon le même principe, mais avec une onde électromagnétique particulière, la lumière. Mais attention, pas n'importe laquelle, puisque le lidar émet un rayon laser.

Ce rayonnement très focalisé fait comme un trait de lumière diffusé en ligne droite par le lidar. Quand il tape dans un objet — la voiture d'en face ou l'arbre sur le côté de la route — une partie de la lumière est réfléchie vers le lidar ; d'où l'écho de lumière pour calculer les distances aux éléments, fixes ou mouvants, formant l'environnement. Le phénomène se déroulant à très grande vitesse, le lidar engrange une myriade de points qui permettent en temps réel de créer une sorte de copie virtuelle en 3D de l'environnement.

Pour Musk, ça ne marche pas et c'est moche. Tout le monde ne partage pas cet avis, puisque la plupart des constructeurs automobiles travaillant à l'automatisation des véhicules l'ont intégré à leur panel de capteur. Ainsi, le désormais fameux modèle de Mercedes qui va être commercialisé avec une autonomie de niveau 3 est pourvu d'un lidar fabriqué par — cocorico ! — le Français Valeo.

L'équipement français explique sur son site web[31] que ce scanner laser 3D permet d'examiner l'environnement à l'avant du véhicule 25 fois par seconde. Il est aussi pourvu d'un système inédit de nettoyage. Car c'est bien l'un de ses talons d'Achille qui lui vaut le courroux muskien : le lidar est très sensible à l' « encrassement », selon le mot de Laurent Durville. Pensez à des projections de boue, par exemple.

Le dépôt de toutes sortes de poussières peut obstruer la vue du lidar, et ainsi l'empêcher de fonctionner puisqu'il évalue les distances grâce à la lumière de son laser. Pour pallier ce problème, Valeo a pourvu son lidar dernier cri d'un dispositif pouvant pulvériser un « rideau de liquide » et capable de nettoyer intégralement sa face avant. La buse télescopique pulvérisant le liquide de nettoyage peut aussi, en chauffant, dégivrer le lidar.

Du givre au brouillard, il n'y a qu'un pas. Et c'est là un autre problème de cette technologie. La purée de pois limite la portée de détection, et empêche le bon fonctionnement du lidar dans ce type de conditions météo. « Moyennement ces défauts, le lidar est très appréciable pour sa précision. Il permet de construire un nuage de points extrêmement précis capables de reconstituer un scan de l'environnement », estime Durville. Ces arguments auraient-ils *in fine* touché le cœur de Musk ?

En mai 2021, les photos prises à Palm Beach (en Floride) et publiées sur son compte Twitter par le consultant automobile Grayson Brulte ont fait leur petit effet dans la communauté technophile. Elles dévoilent une Tesla Model Y harnachée d'un lidar développé par la société Luminar spécialisée dans cette technologie. D'où les conjectures relayées par Bloomberg[32] selon lesquelles Musk aurait changé son fusil d'épaule pour finalement adopter lui aussi cette techno. Mais l'info n'est pas confirmée, ni par Tesla ni pas Luminar. D'ailleurs, le lidar paparazzé par Grayson Brulte pourrait servir à autre chose : « le scénario le plus plausible est qu'il soit utilisé pour calibrer les caméras du système de conduite autonome », relève un analyste cité par Bloomberg. Précisons en effet que Tesla avait annoncé que ses Model 3 et Model Y livrés à partir de ce même

31. La présentation du lidar de Valeo : https://bit.ly/3LRLPbW
32. L'article de Bloomberg : https://bloom.bg/3KOORN0

mois de mai 2021 au marché nord-américain ne seraient plus équipés... en radar ! Le système de pilotage autonome désormais promu par la marque sous le nom de Tesla Vision[33] mise tout sur l'emploi de caméras[34]. Le radar n'est pas encore tout à fait mis aux orties, puisque les Model S et Model X, comme la totalité des véhicules destinés au reste du monde, continuent à fonctionner avec un Autopilot employant cette technologie. Mais le radar paraît bien devoir rejoindre le lidar au rang des « malédictions » de Musk.

La course à l'autonomie

Ce n'est ni Musk ni Tesla qui ont eu l'idée de faire rouler des voitures de façon autonome. Les premiers travaux remontent à la fin du précédent millénaire. En 1986, le projet européen Prometheus, porté par l'Allemand Daimler AG (dont Mercedes-Benz est une filiale) et auquel ont participé plusieurs constructeurs du Vieux Continent avait déjà défriché le terrain. Ce programme s'était notamment traduit par la mise au point du système expérimental VITA qui reposait sur l'usage de petites caméras vidéo placées derrière le pare-brise et la lunette arrière d'une Mercedes Classe S. Ce dispositif permettait dès lors de diriger l'auto *via* un traitement d'image automatisé. *« Avec ces yeux électroniques, l'ordinateur de bord enregistrait ce qui se passait autour de la voiture. VITA — l'acronyme pour « Vision Information Technology*

---

33. Le communiqué de Tesla : https://www.tesla.com/support/transitioning-tesla-vision
34. Les caméras aussi ont leur talon d'Achille : elles sont extrêmement sensibles aux fortes lumières, quasiment aveugles dans le noir (sauf à passer en infrarouge) et également sujettes à l'encrassement. Elles ne permettent pas nativement d'avoir une représentation 3D de l'environnement et du coup d'obtenir facilement une mesure de distance longitudinale vis-à-vis des véhicules devant et derrière. Pour cela, il faut faire de la vision stéréo, qui nécessite de la calibration.

Application » — était un vrai pilote automatique capable de freiner, d'accélérer et de conduire », explique Mercedes-Benz sur son site[35].

Prometteur, Prometheus s'est pourtant arrêté au bout de huit ans. *« C'est le DARPA Grand Challenge qui a relancé l'intérêt pour le sujet de la voiture autonome »*, explique Mohamed Cherif Rahal, directeur du domaine transversal et des activités véhicule autonome et connecté chez VEDECOM. La DARPA (agence américaine responsable des projets en recherche avancée pour la défense), c'est le laboratoire de recherche de l'armée américaine. Elle a organisé ce concours, sous forme de course automobile, dans le but de pousser le développement de véhicules sans pilote. La première édition, en 2004, s'est déroulée dans le désert des Mojaves, à l'ouest des États-Unis.

Le deuxième opus de cette compétition pour geeks a particulièrement marqué les esprits. C'est elle qui a vu la victoire de l'auto-robot Stanley. Ce Volkswagen Touareg, amélioré par les chercheurs de l'Université Stanford en Californie, a été le premier à faire le circuit de 212,7 km en un peu moins de 7 heures. Vitesse moyenne : 30,7 km/h. L'événement a reçu une belle couverture médiatique ; les journalistes scientifiques se souviennent notamment du traitement en majesté qu'avait reçu Stanley de la part du magazine américain *Wired*, thermomètre des tendances tech particulièrement surveillé dans les années 2000.

En 2007, le concours est devenu le DARPA Urban Challenge. La compétition a alors quitté les sables du désert pour passer sur un parcours urbain. Pour l'occasion, plusieurs universités américaines — mais aussi quelques sociétés européennes, notamment allemandes —, y ont participé. En situation de ville, les véhicules devaient, sans pilote au volant, respecter les panneaux de signalisation, s'insérer dans un flot d'autres autos pilotées par des êtres humains ou encore faire des

---

35. Le programme Prometheus est aussi le nom du moteur-fusée réutilisable développé par ArianeEspace pour ses lanceurs, en réponse à ceux de SpaceX, mais cela n'a rien à voir avec cet ancien programme Prometheus dédié à la mobilité sur routes : https://bit.ly/3yl0Y1B

manœuvres pour se garer. *« C'est là qu'il y a eu une émergence pour le sujet »*, reprend Mohamed Cherif Rahal.

Pour autant, le nouvel engouement a été porté par l'inévitable Google. Le géant de l'Internet s'est emparé du sujet en recrutant notamment l'informaticien allemand Sebastian Thrun, qui avait auparavant dirigé l'équipe de Stanford à l'origine de la conception de Stanley. Avec cette recrue de choix, le programme de la Google Car a été lancé en 2009. Il a muté en 2016, devenant Waymo, une filière d'Alphabet Inc., la maison mère de Google. Le travail en dentelle des ingénieurs paraît avoir porté ses fruits : la société propose désormais à Phoenix, dans l'État d'Arizona, un service de navette sans pilote. À l'aide d'une application de portable, l'usager commande la voiture comme il le ferait avec un VTC classique. Mais c'est un véhicule complètement vide qui arrive au point de rendez-vous. De nombreux internautes ayant expérimenté le dispositif en ont publié des vidéos sur YouTube : assis sur la banquette arrière, ils filment le volant tournant tout seul alors même que l'auto se glisse dans la circulation. Comme si l'homme invisible était aux commandes ! L'effet est assez stupéfiant[36].

En voyant ces images, on se frotte les yeux, et puis on s'interroge. Finalement, à quoi bon ? Techniquement, c'est bluffant. Mais mettre un chauffeur de taxi au chômage, est-ce un réel projet de société ? La réponse tient d'abord en une question de gros sous, comme on l'a vu un peu plus haut avec la sortie de l'ancien patron d'Uber : le poste du chauffeur étant le plus coûteux dans une offre de transport partagée, s'en passer c'est faire des économies. Voilà le genre de point de vue susceptible d'avoir un effet sociétal façon séisme ; on aimerait que les acteurs politiques et industriels s'en emparent pour un débat public qui fait encore défaut.

Les sorties de route de la voiture autonome

Mais il y a une autre raison en faveur du développement de l'automatisation et de l'autonomie des voitures. Elle est liée à la sûreté : la machine conduirait mieux que l'être humain. *« C'est un argument qu'Elon met effectivement beaucoup en avant »*, confirme Philippe

36. Par exemple cet itinéraire posté en 2021 : https://bit.ly/3sdE9Je

Chain, co-fondateur de Verkor et ancien de Tesla. Eh oui, nous autres bipèdes, pouvons être distraits, laisser vagabonder notre esprit… quand l'algorithme de la machine, lui, est froidement dédié à la route.

La réalité des tests donne-t-elle raison à ce présupposé ? Du côté de la Google Car, le premier accident provoqué par une voiture autonome du géant de Mountain View est survenu le 14 juillet 2016. Roulant à 3 km/h, le véhicule a percuté, lors d'un changement de voie, un bus qui roulait à 25 km/h ; l'algorithme de l'auto avait mal anticipé le comportement de l'engin de transport public. « *Nous portons clairement une part de responsabilité, parce que, si notre véhicule n'avait pas bougé, il n'y aurait pas eu de collision* », a reconnu Google dans un communiqué[37]. Il ne s'agissait alors qu'un peu de tôle froissée.

C'est un coup de tonnerre d'une autre trempe qui est tombé le 19 mars 2018. Cette date est celle du premier accident mortel provoqué par une voiture équipée de ce type de technologie. Ce soir-là, une habitante de Tempe, ville située dans la banlieue de Phoenix, a été tuée par un véhicule à conduite autonome d'Uber. La victime, Elaine Herzberg, traversait la route en poussant son vélo lorsque le SUV Volvo XC90 l'a percutée. Le véhicule expérimental n'était pas vide, mais la personne chargée de superviser le test à l'intérieur n'a pas réagi à temps. Les images filmées par une caméra placée dans l'habitacle et rendues publiques par la police de Tempe montrent même qu'elle ne regardait pas le pare-brise. Ensuite, « *elle lève les yeux vers la route une fraction de seconde avant la fin de l'enregistrement et son expression faciale rend compte du choc* », décrivions-nous à l'époque sur le site de *Sciences et Avenir*[38].

Le drame avait provoqué une émotion médiatique mondiale, et un séisme dans la sphère des acteurs de la tech, Uber décidant immédiatement de suspendre son programme de recherche en Amérique du Nord (il a ensuite repris, mais la compagnie a cédé fin décembre 2020 sa division de recherche « véhicule autonome » à la

---

37. Voir l'article de la BBC ; https://www.bbc.com/news/technology-35692845

38. L'article d'Erwan Lecomte : https://bit.ly/3serl5C

start-up spécialisée Aurora, dans laquelle Uber a une participation financière). Une catastrophe, mais pas une surprise. Les experts préparaient depuis toujours l'opinion publique au fait que le déploiement des voitures autonomes sur les routes s'accompagnerait fatalement d'accidents. Ce serait le prix à payer pour que, *in fine,* la société soit équipée de dispositifs suffisamment efficaces pour que ces autos, qui apprennent en roulant, permettent la réduction du nombre de morts sur les routes.

Voiture autonome et protection des individus, la question a longtemps pris un contour plutôt théorique, avec des cogitations adaptées du « dilemme du tramway ». Cette expérience de pensée, décrite pour la première fois en 1967, propose de réfléchir au problème suivant : un engin devenu incontrôlable roule à tombeau ouvert sur une voie ferrée. Devant lui, un groupe de cinq personnes. Il va les écraser, sauf si le conducteur le dévie de sa voie pour l'orienter sur une autre, où il n'y a qu'un seul individu. Est-il moral de faire cela pour minorer le nombre de victimes ?... La problématique a beaucoup fait discuter dans le cadre du développement de la voiture autonome. Cela se résume en une question : quelle victime choisir en cas d'accident inévitable ? Imaginez des gens — peut-être des enfants — traversant soudainement la route : l'auto doit-elle faire une embardée, au risque de s'écraser sur un mur et de tuer son passager, ou au contraire privilégier la vie de celui-ci, son propriétaire, en écrasant les piétons ?

Ce choix cornélien pose la question de l'apprentissage moral des machines. Il focalise souvent le débat en procédant d'une forme d'anthropomorphisation de la voiture. Mais la question de la sûreté de ces véhicules est d'une urgence plus brûlante, ainsi que l'a montré l'accident de Tempe. Il a sans doute marqué une douloureuse prise de conscience dans le développement de la technologie de l'automatisation. D'autant que d'autres accidents mortels sont survenus depuis. Et ce sont en particulier les Tesla qui sont sous les feux d'une actualité funeste.

En septembre 2021, deux jeunes gens sont morts dans l'accident d'un Model 3, après une sortie de route dans le sud de la Floride.

Quelques mois plus tôt, en avril, à Spring au Texas, les deux occupants d'un véhicule de la marque muskienne mourraient dans l'incendie de leur véhicule qui s'était écrasé contre un arbre. Dans un courrier à l'autorité de contrôle de la sécurité routière américaine, la NHTSA, deux sénateurs américains s'émouvaient du fait qu'il s'agissait là de la vingt-huitième enquête impliquant Tesla. Dans cette lettre citée par *Le Parisien,* les élus relevaient qu'il semblait *« se dégager une tendance »* qui est *« incroyablement inquiétante et mérite toute votre attention[39] ».*

L'accident de Spring est-il à mettre sur le compte du faux sentiment de sécurité éprouvé par certains usagers de l'Autopilot ? Les corps des deux personnes décédées ont en tout cas été retrouvés sur le siège passager pour l'un, et sur la banquette arrière pour l'autre. Derrière le volant, il n'y avait personne… Une confusion d'autant plus facile que Tesla a baptisé la dernière version de son dispositif de conduite automatisée « Full self-driving capability » (« capacité de conduite entièrement autonome »). Malgré son nom, il s'agit toujours d'un système d'assistance à la conduite qui nécessite, comme le dit Tesla sur son site et ainsi que nous l'avons spécifié plus haut, que le pilote soit pleinement attentif, qu'il ait les mains sur le volant afin qu'il puisse reprendre le contrôle à tout moment.

Inévitablement, ces drames questionnent aussi sur l'efficacité de la perception et du traitement des données par les voitures à conduite automatisée. Comme lorsque à Paris, le 11 décembre 2021, un chauffeur de taxi au volant d'une Tesla a perdu le contrôle de son véhicule, provoquant un accident ayant fait un mort et une vingtaine de blessés. Le constructeur américain conteste tout dysfonctionnement technique tandis que le conducteur, mis en examen, affirme que la voiture s'est emballée et que le frein ne répondait plus. Il a porté plainte contre Tesla[40]. Peu de temps après, *Challenges* révélait en janvier 2022 les conclusions d'un rapport d'expertise sur un terrible accident survenu en France le 12 avril 2017 sur l'autoroute A6 en titrant : « Quand l'Autopilot de Tesla ne voit pas l'obstacle[41] ».

---

39. L'article du *Parisien* : https://bit.ly/3MS7Mbc
40. Voir la dépêche de *Reuters* : https://reut.rs/3OZnjYm
41. L'article de *Challenges* : https://bit.ly/3kMFEKx

Cette question de la sûreté est un point saillant de l'avis du Comité national pilote d'éthique du numérique : « *Des procédures rigoureuses de vérification et de validation doivent évidemment présider à toute mise en circulation d'un véhicule* », insiste Catherine Tessier, la co-rapporteuse de l'avis. L'experte relève que cette problématique ne concerne pas seulement l'auto, mais également l'environnement dans lequel elle évolue : « *C'est toute l'infrastructure routière qui doit être considérée. Les véhicules à conduite automatisée sont des véhicules communicants. Ils échangent des informations entre eux, mais aussi avec les dispositifs qui seront installés le long des routes. Il faut que l'ensemble constitue un cadre extrêmement sûr de fonctionnement* ». À propos de ces éléments de voirie, le directeur du CNPEN, Claude Kirchner, souligne le fait que l'investissement nécessaire à leur construction est largement méconnu : « *Nous allons nous retrouver avec des infrastructures numériques massives sur les routes. Que faudra-t-il déployer en termes de métaux rares, cuivre, fibre, etc. pour les mettre en œuvre ? C'est un vrai poids en termes de matière première. D'autant plus que les installations doivent être pérennes : il ne s'agit pas de tout remplacer au bout de six mois !* ».

On le voit, le climat quant au développement de la voiture autonome a changé. De la frénésie d'il y a une quinzaine d'années, lorsque l'on prévoyait l'avènement de cette technologie avant 2030, nous sommes passés à une période davantage marquée par l'incertitude. Désormais, deux sons de cloche prédominent. Le premier résonne de l'autre côté de l'Atlantique, où les gros acteurs comme Google ou Amazon — avec sa navette Zoox AV — continuent d'avancer sur la question des transports automatisés et partagés de biens ou de personnes. « *Ces acteurs sont habitués à des problématiques de logistique ou de cartographies,* commente Mohamed Cherif Rahal. *Ils peuvent lancer de grosses expérimentations parce que la législation américaine leur ouvre de larges territoires, peu denses, avec des routes aux formes particulières : des environnements peu pratiqués par les piétons, avec des doubles voies séparées soit par un terre-plein, soit par une ligne jaune bien caractéristique, des routes droites avec des intersections à 90°* ». Un environnement bien plus carré que le périurbain européen. Mettez-y une Google Car, et elle serait rapidement paumée…

L'autre son de cloche retentit en Europe. Outre les produits hauts de gamme, comme la Mercedes de niveau 3 citée plus haut, les projets de véhicules autonomes pourraient davantage se focaliser sur des navettes de transports collectifs, roulant sur des voies dédiées *« et non pas sur route ouverte, à côté d'un bus et d'une moto qui remonte la file à droite »*, reprend Mohamed Cherif Rahal.

Mais pour ces navettes non plus ce n'est pas du tout cuit. En témoigne l'accident survenu dans le cadre ultramédiatisé des Jeux Paralympiques de Tokyo. C'est l'avanie qui s'est passée à l'été 2021 pour le constructeur japonais Toyota Motor Corporation… mais surtout pour l'athlète Aramitsu Kitazono. Participant aux épreuves paralympiques, le judoka malvoyant a été renversé à un carrefour par la navette autonome e-Palette. Légèrement blessé suite à l'accident, le sportif a tout de même dû interrompre la compétition. Le directeur général de Toyota, Akio Toyoda, s'est excusé dans une vidéo publiée sur YouTube, estimant que l'incident prouvait que les engins 100 % autonomes n'étaient décidément pas encore assez au point pour des usages sur des routes normales[42]…

Pour Tesla et consorts, on ne sait pas si la route est droite, mais la pente est raide.

42. Le reportage vidéo de Reuters sur la mise en retrait des e-Palettes aux Jeux Paralympiques de Tokyo : https://bit.ly/3vN0gsl

INTERLUDE

TRANSPORTS EN COMMUN

ENTRE HYPERLOOP ET TESLA SOUS LA TERRE

Le « livre blanc » d'Hyperloop Alpha

Il y a du prestidigitateur chez Elon Musk. Un art de se donner l'air d'avoir tout inventé. Prenez l'Hyperloop. Il s'agit de ce projet d'un train à très grande vitesse ; circulant dans des tubes à basse pression, il serait capable d'aller aussi vite qu'un avion ! Ce concept est intimement associé à Musk depuis qu'en 2013 il a publié un « livre blanc » de 57 pages présentant le concept « Hyperloop Alpha ». Le milliardaire y esquisse sa vision d'un dispositif annoncé comme étant « le cinquième moyen de transport » après le train, l'avion, la voiture et le bateau.

L'idée est que les passagers de l'Hyperloop prendraient place dans des capsules qui flotteraient, littéralement, à l'intérieur d'un immense réseau de tubes montés sur pylônes. Ces véhicules seraient par ailleurs dépourvus de roues puisque il n'y aurait aucun point de contact entre elles et l'intérieur de ce boyau semblable à un énorme pipeline. Cette absence de frottement promet que l'Hyperloop serait peu énergivore (puisqu'il n'y a pas de dissipation à perte dans les frictions). Le dispositif, équipé de moteurs électriques, serait par ailleurs consommateur d'énergie renouvelable, *via* des panneaux solaires posés par exemple sur les infrastructures. Bref, un moyen de transport présenté comme écolo et ultra-rapide : de quoi avaler un Los Angeles-San Francisco en 35 minutes — cela prend six heures environ en voiture.

Telle est donc la promesse de « Hyperloop Alpha », qui se base sur des technologies de Tesla et de SpaceX… Toutefois, le projet d'un train à grande vitesse se déplaçant dans des tubes sous vide existait bien avant que Musk ne dégaine ce projet en 2013. Cette idée a, dans un premier temps, pris racine dans la science-fiction, comme souvent avec les principes dont s'entiche le milliardaire. On en trouve une évocation dans la nouvelle de 1889 signée de Jules Verne, *Au XXIXe siècle ou la journée d'un journaliste américain en 2889*[1]. Plus encore, d'autres innovateurs avaient planché sur le sujet il y a plusieurs décennies. Ainsi, dans les années 1990, la petite société américaine ET3 avait déjà déposé plusieurs brevets à propos de transport par capsules dans des tubes sous vide. Au début du millénaire, l'idée a également été explorée par Swissmetro, mais la crise financière de 2008 a finalement eu raison de la société helvétique.

Certes, le sujet restait largement méconnu au-delà de la sphère des spécialistes des transports. Aussi, le véritable apport de Musk est d'avoir attiré l'attention du monde entier sur ce « cinquième moyen de transport ». Une belle occasion aussi de se faire mousser auprès du grand public, lequel demeure largement persuadé que l'Hyperloop est une idée géniale d'Elon ! *« Il a médiatisé le concept. Mais, désormais, il faut rendre à César ce qui revient à César : nos technologies nous sont propres et n'ont rien à voir avec celles évoquées par Musk »*, commente Sébastien Gendron, le cofondateur et PDG de la société TransPod qui développe le projet de train sous vide du même nom. De fait, celui-ci fonctionne sur le principe de la lévitation magnétique : son véhicule flotte dans le tube grâce au champ magnétique créé par un dispositif à électroaimants ; dans le « projet Alpha » de Musk, les capsules devaient flotter « sur coussin d'air pressurisé ».

Pourtant, l'Hyperloop demeure associé à Musk comme le sparadrap reste collé au doigt du capitaine Haddock. Alors même que, dès le « livre blanc » publié, le milliardaire a annoncé… qu'il ne comptait pas développer le projet lui-même ! Si Musk n'a pas mis un kopeck dans le financement d'un Hyperloop commercial, il a incité

1. L'auteur du texte pourrait en fait être Michel Verne, le fils du célèbre écrivain.

les autres à le faire à sa place. Ainsi pour stimuler le dynamisme de cet écosystème balbutiant, Elon Musk a organisé entre 2015 et 2019 des compétitions universitaires sur le sujet (le Covid paraît avoir eu raison de l'initiative) sponsorisées par SpaceX. Sur ce sujet comme sur d'autres, Musk réendosse finalement le costume qui semble lui procurer une certaine volupté : celui d'influenceur ou de renifleur de tendance. *« Il cautionne le concept et donne le signal aux industriels que c'est une belle idée à creuser »*, reprend Sébastien Gendron.

Du côté de TransPod, cela semble porter ses fruits. La société vient d'annoncer avoir décroché un financement de 550 millions de dollars[2] pour construire une voie de jonction de 17 km entre la ville canadienne d'Edmonton et son aéroport, laquelle doit être le premier segment d'une ligne de 300 km reliant Edmonton à Calgary. L'objectif est de la terminer entre 2030 et 2035. Les passagers et le fret voyageront à 1000 km/h, ce qui mettrait les deux villes de l'Alberta à 45 minutes l'une de l'autre, quand il faut plus de trois heures aujourd'hui pour faire la distance en voiture.

Une route escarpée pour l'Hyperloop

Cette avancée de TransPod, c'est un signal positif pour l'Hyperloop, dans un contexte plutôt plombé. Car l'actualité était morose pour les sociétés du secteur. Prenez la société californienne Hyperloop TT (HTT) par exemple : installée en 2017 près de l'ancienne base militaire de Francazal à proximité de Toulouse, elle y a établi une piste d'essai de 320 mètres et devait en construire une nouvelle d'un peu plus de 1 kilomètre. Mais celle-ci ne verra pas le jour : « HTT vient de demander à renoncer, gracieusement, au bail conclu avec Toulouse Métropole pour construire sa piste d'essai d'1,2 km de long projetée sur le site de Toulouse-Fracanzal dédié aux nouvelles mobilités », écrit La Dépêche du Midi dans un article du 3 décembre 2021[3].

---

2. Les bailleurs de fonds sont la société britannique Broughton Capital Group (BCG) et l'entreprise d'État chinoise CERIECO. Voir le communiqué de presse : https://tinyurl.com/2p8z3yyk
3. L'article est disponible en ligne : https://bit.ly/38WoAij

Autre acteur majeur du secteur, Virgin Hyperloop[4] avait fait le buzz avec sa piste d'essai de 500 mètres construite dans le Nevada aux États-Unis et qui a transporté pour la première fois des passagers en novembre 2020. En l'occurrence deux salariés de la compagnie, qui l'avaient parcouru en 15 secondes, à la vitesse de 172 km/h[5]. Mais en février 2022, patatras ! Virgin Hyperloop annonce renoncer au transport de passagers pour se concentrer sur les marchandises, ce qui se traduit concrètement par le licenciement de cent onze personnes, *« soit la moitié de son personnel »* écrit le *Financial Times*[6]. Ce repositionnement de Virgin Hyperloop peut s'expliquer par le fait que 76 % de son capital appartient à la société opératrice du port de Dubaï, DP World, laquelle a davantage de besoins en termes de transport de biens que de personnes[7].

Les mauvaises passes de HTT ou de Virgin Hyperloop ne sont pas non plus représentatives de l'état du secteur. Parmi les sociétés qui se détachent du lot, citons l'espagnole Zeleros, fondée par des anciens des compétitions Hyperloop organisées par Musk, et qui travaille avec le port de Valence ; Hardt Hyperloop aux Pays-Bas, financé par l'Europe et soutenu par le gouvernement néerlandais ; ou encore la société polonaise Nevomo, qui a signé un accord avec les chemins de fer italiens et entend mettre à niveau les lignes ferroviaires classiques avec un système « Maglev », du nom de ce train à sustentation magnétique capable de léviter au-dessus de son rail (un prototype japonais a atteint la vitesse record de 603 km/h). *« Il y a aussi deux acteurs majeurs qui sont des gouvernements,* commente Sébastien Gendron, *celui de Corée du Sud finance le projet Hyper Tube de l'Institut de recherche ferroviraire coréenne (KRRI) depuis 2011 — donc avant l'annonce de Musk. Des essais*

4. Un temps désignée sous le nom de « Hyperloop One », la société a finalement pris le nom de Virgin au moment de l'entrée au capital, de façon minoritaire, de Sir Richard Branson, le propriétaire milliardaire de Virgin Group.

5. Voir la vidéo de Virgin Hyperloop : https://tinyurl.com/4746wx7w

6. Voir l'article du *Financial Times* : https://on.ft.com/3KHfIup

7. Depuis 2016, la SNCF est également partenaire de la société Virgin Hyperloop. Pour le groupe français, *« l'objectif est d'être aux "avant-postes" des avancées technologiques induites par cette nouvelle forme de mobilité, mais aussi d'en comprendre les atouts et les limites en termes de services ».*

ont été faits en 2020 avec une maquette de type Maglev ayant atteint les 1 000 km/h. Quant à la Chine, elle commence à s'intéresser au sujet et y injecte des millions ».

Des Tesla sous la terre

Musk, lui, paraît de moins en moins impliqué dans le sujet de l'Hyperloop. Cela ne gêne pas forcément les acteurs du secteur ; comme on l'a dit, les sociétés qui travaillent sur le projet pouvaient effectivement être lassées de la façon dont Musk, tel le coucou, fait son nid dans le nid des autres. *« Et puis il n'a pas forcément bonne presse auprès de ses homologues »*, commente Sébastien Gendron. Ainsi, un transporteur comme Amazon devrait être intéressé par le principe du voyage sous vide à grande vitesse. Mais Bezos faisant une jaunisse à la moindre évocation de Musk, ça ne facilite pas la participation de son groupe à des projets d'Hyperloop…

Néanmoins, la thématique du transport en commun continue à brancher le patron de SpaceX et de Tesla. D'ailleurs, il a même ajouté une nouvelle entreprise à sa panoplie de manager… pour creuser des tunnels ! Lesquels permettraient aux automobilistes d'éviter les routes saturées et autres axes congestionnés en surface. The Boring Company est née après l'un de ses célèbres tweets de décembre 2016 : *Les embouteillages me rendent dingue. Je vais construire une machine à construire des tunnels et commencer à creuser*. En février 2017, un premier tunnelier a donc mis le projet à exécution en forant la terre à Hawthorne, dans le comté de Los Angeles, là où est installé SpaceX. Le terrain en question étant privé, Musk a pu y faire ce qu'il voulait sans demander d'autorisation.

Comme des tubes aux tunnels il n'y a pas loin, et que les trous creusés par The Boring Company sont désignés sous le terme anglais de « *loop* » (« boucle » en français), la confusion avec l'Hyperloop est facile à faire. Pourtant, les deux projets sont bien disjoints. Avec The Boring Company, il ne s'agit pas d'installer sous terre un réseau de tube sous vide, mais bien de créer des galeries où l'on se déplacerait dans des voitures électriques en mode automatisée, et voyageant jusqu'à 240 km/h. Des Tesla sous la terre, quoi ! Pour la société, *« cela ressemble davantage à une autoroute souterraine qu'à un métro*[8] *»*.

En décembre 2018, le premier tunnel de Musk a été dévoilé à la presse. C'est une structure d'un peu moins de 2 km, *« creusée à une dizaine de mètres sous les rues de Hawthorne »*, explique le *Los Angeles Times* qui a assisté à la présentation. Le récit qu'ils font de la traversée souterraine n'est pas dithyrambique : la Tesla n'était pas en mode automatisé et avançait à 85 km/h maximum. Elle était pilotée par un as du volant, vétéran de la course des 500 miles d'Indianapolis. *« Le Model X roulait sur deux sortes d'étagères en béton moulées le long du mur, qui étaient si inégales par endroits qu'on avait l'impression d'avancer sur un chemin de terre »*, écrit le journal, selon qui Musk s'est justifié en déclarant : *« Nous avons travaillé vite »* avec une machine à damer n'ayant pas bien fonctionné…

Mais le milliardaire est persuadé qu'avec la technologie de The Boring Company et les tunneliers qu'elle développe (le premier a été appelé Godot, comme dans *En attendant Godot* la pièce de Samuel Beckett, surprenant écart métaphysique dans le jeu des références muskiennes), il peut creuser *« 15 fois plus vite »* que le meilleur de ses concurrents[9]. Les experts eux, sont sceptiques. Quelles peuvent être les conséquences environnementales d'un projet qui consisterait, par exemple, à transformer les entrailles de L.A. en gruyère ? Pour le déterminer, il faudrait lancer une étude d'impact minutieuse, qui prendrait forcément du temps, ce type de grands travaux étant réglementés par le California Environmental Quality Act (CEQA). *« La technologie n'a pas préséance sur le processus environnemental »*, expliquait en 2017 l'ancien responsable du bureau des innovations du métro de Los Angeles Joshua Schank au site Curbed L.A.[10] qui ajoutait : *« Vous pouvez avoir les tunneliers les plus rapides et le meilleur moyen de transport, mais rien de tout cela n'affecte le processus politique ou environnemental. »*

---

8. Voir le site officiel de The Boring Company : https://www.boringcompany.com/loop
9. Voir l'article du *Los Angeles Times* : https://lat.ms/3MWsVRh
10. https://tinyurl.com/nhz4ex4c

Comme d'habitude, les critiques n'empêchent pas Musk de continuer. Les Shadoks pompent, lui creuse[11]. À Las Vegas, The Boring Company a ainsi construit un autre réseau souterrain d'un peu moins de 3 km : la « loop » LVCC (Las Vegas Convention Center) relie trois stations que l'on parcourt à bord de Tesla, pourvues de chauffeurs. À l'occasion du salon international de l'électronique grand public CES de 2022, LVCC Loop a transporté *« entre 14 000 et 17 000 passagers par jour, avec un temps de trajet moyen de moins de deux minutes et un temps d'attente moyen de moins de 15 secondes »*, selon The Boring Company[12]. Les geeks qui ont fait le parcours ont tourné moult vidéos pour documenter la virée ; elles sont visibles sur YouTube. Avertissement : si vous avez déjà traversé un tunnel en voiture, vous ne serez pas dépaysés.

---

11. Le risque industriel est réel pour les tunneliers classiques. Musk ayant pour objectif de creuser plus vite et 30 % moins cher, si les acteurs traditionnels ne prennent pas The Boring Company au sérieux, de la même manière que l'ont fait les géants du spatial vis-à-vis de SpaceX au début des années 2000, c'est au risque de perdre des parts de marchés significatives.
12. https://www.boringcompany.com/lvcc

ÉPISODE III

L'INTERFACE CERVEAU-MACHINE

NEURALINK CONTRE L'IA
ELON MUSK ET L'ARMÉE DES CYBORGS

« Avec l'IA nous invoquons le démon »

24 octobre 2014. Le président de SpaceX est l'invité d'un symposium organisé par le Massachusetts Institute of Technology (MIT). Assis sur la scène d'un amphithéâtre drapé de rouge, aux côtés de celui qui vient de l'interviewer, le professeur Jaime Peraire, alors directeur du département d'aéronautique et d'astronautique du prestigieux établissement américain, Elon Musk se plie aux questions de l'auditoire. Le milliardaire est interrogé sur la façon dont il évite la délocalisation et fait tourner ses sites industriels aux États-Unis, ou sur les ressources à exploiter sur la Lune. On lui demande aussi s'il compte aller dans l'espace en personne ! S'il ne répond pas vraiment à cette dernière question, le ton est détendu, convivial ; l'entrepreneur fait même rire la salle à quelques occasions. Mais soudain arrive la question qui, *bim*, glace l'ambiance.

Elle vient d'un certain Bob. Ce barbu demande à Musk s'il a l'intention d'investir dans le domaine de l'intelligence artificielle (IA)[1], étant donné l'aspect révolutionnaire de ce champ de recherche. *« Je pense que nous devrions être très prudents avec l'intelligence artificielle »*, répond Musk, précisant aussitôt sa pensée : pour lui, l'IA est de nature à faire peser sur l'humanité une « menace existentielle ». Le patron de Tesla ajoute qu'il lui paraît nécessaire de *« réglementer à*

1. La question concernant l'intelligence artificielle est posée à 1 h 00 min 30 sec dans la vidéo disponible sur YouTube : https://bit.ly/38UdHxM

l'échelon national et international, pour s'assurer que nous ne nous servirons pas de cela pour commettre quelque chose de fou ». Et d'asséner qu'avec « *l'intelligence artificielle, nous invoquons le démon* » ! Bob le relance, lui disant qu'il n'y aurait donc sans doute pas de HAL 9000 pour le voyage sur Mars. Musk enfonce alors le clou : à côté des possibilités, et des risques que laissent entrevoir l'intelligence artificielle, « *HAL 9000 n'est qu'un toutou* ».

Un toutou ? Et nous qui le prenions pour un Pitbull… Rappelons l'identité de ce fameux HAL 9000 : un ordinateur doté d'interfaces visuelle et sonore. Son voyant lumineux rouge évoque un œil fixe et ensanglanté. Pour le commander, point de clavier, il suffit de lui parler, la machine étant elle-même dotée d'une voix douce et flûtée. L'apparence extérieure est épurée, mais sous le capot se trouve un tigre rugissant, autrement dit une prodigieuse intelligence, évidemment artificielle. Voilà HAL 9000, un « personnage » de cinéma, le superordinateur du chef-d'œuvre de Stanley Kubrick, *2001, l'Odyssée de l'espace*[2]. Ce film, sorti en 1968, brille par sa rigueur scientifique — le pionnier de l'IA, Marvin Minsky[3], a même conseillé Kubrick sur le scénario. Ce dernier est foisonnant et raconte notamment le voyage d'un vaisseau parti de la Terre à destination de la planète Jupiter. À son bord, cinq membres d'équipage, dont trois sont en hibernation. Reste deux astronautes éveillés, David Bowman et Frank Poole, qui ont pour compagnon de bord ce dernier cri de l'intelligence artificielle, une machine omnisciente et réputée

2. Dans la version française, HAL s'appelle CARL 500. C'est l'acteur François Chaumette, sociétaire de la Comédie-Française, qui lui prête sa voix, comme il le fera quelques années plus tard pour un autre super méchant, Dark Vador dans le premier *Star Wars* (1977), mais pas les suivants.

3. Mathématicien et spécialiste des sciences cognitives, l'Américain Marvin Minsky (1927-2016) est le cofondateur en 1959 du laboratoire d'intelligence artificielle, plus tard devenu le CSAIL, « Computer Science and Artificial intelligence Laboratory », du Massachusetts Institute of Technology (le prestigieux MIT)).

infaillible : HAL 9000. Pourtant, HAL 9000 devient fou et met la mission en péril[4]…

Plus de cinquante ans après sa sortie en salle, HAL 9000 reste l'incarnation ultime des dangers de l'IA. Qui, elle-même, est désormais un thème omniprésent dans les médias. Comment la définir ? Reprenons une formule employée par l'un de ses experts, Bertrand Braunschweig, directeur du centre de recherche d'Inria, dans l'entretien qu'il a donné au hors-série de *Sciences et Avenir* consacré à ce sujet en 2019[5] : il s'agit de *« faire faire à des machines des actions qui demandent de l'intelligence aux êtres humains. Autrement dit, la perception, le raisonnement, l'apprentissage, la collaboration, la prise de décision, etc. »*. Vaste programme. Eh oui, les deux lettres de l'IA sont comme la pointe émergée de l'iceberg sous laquelle pullule une incroyable profusion de travaux. Leur diversité est le signe de l'extraordinaire vigueur d'un champ de recherches en pleine effervescence… alors qu'il existe depuis une soixante d'années !

Mais tout a changé au début des années 2000. Notamment grâce à l'augmentation des capacité de calcul des ordinateurs et à l'émergence du web. La Toile a donné accès à une foultitude de valeurs numériques très facilement partageables d'un bout à l'autre de la planète, et donc exploitées *via* de nouvelles approches scientifiques. Ces monceaux de *data* ont permis le déploiement du désormais célèbre « *machine learning* », cette méthode d'apprentissage automatique par laquelle les cerveaux de silicium[6] trouvent eux-mêmes la bonne façon de fonctionner, sans coup de pouce de l'être humain, en moulinant simplement de la donnée. Ce contexte a notamment servi une accélération de la recherche, patente vers 2011-2012, quand le

4. Faut-il d'ailleurs parler de folie, ou HAL tombe-t-il sous le coup d'une erreur d'interprétation, laquelle paraissait impossible puisqu'il est censé être parfait ? C'est l'une des beautés de *2001* que de ne pas mettre les points sur les « I » et de laisser la latitude d'interprétation à ses spectateurs.
5. L'entretien avec Bertrand Braunschweig est à lire dans le hors-série 199 de *Sciences et Avenir*, daté d'octobre-novembre 1999 : « L'intelligence artificielle en 50 questions ».
6. Le silicium, extrait du sable, est un élément de base pour la fabrication des microprocesseurs qui permettent aux ordinateurs de fonctionner.

programme Watson d'IBM est devenu la première IA à battre de vrais concurrents dans le jeu télévisé américain *Jeopardy!* [7] ou que les réseaux de neurones artificiels ont commencé à faire des prouesses en termes de reconnaissance d'image.

À la fin du siècle dernier on parlait de « l'hiver » de l'IA à propos de cette période où le doute était de mise sur ce champ de recherche, et les financements gelés — rangez les après-ski, ce temps est révolu ! —, désormais, c'est le potentiel révolutionnaire, comme le disait Bob à Elon, de la discipline qui donne le vertige. Et souvent inquiète. Les machines intelligentes pourraient-elles un jour se retourner contre nous ? Ce scénario de science-fiction (bonjour *Terminator* !) peut paraître exagéré à certains[8]. Pourtant, Musk, lui, le prend au sérieux ; avec feu Stephen Hawking et le cofondateur d'Apple, Steve Wozniak, il a été l'un des signataires d'une lettre ouverte — mise en ligne le 28 juillet 2015 — avertissant de la dangerosité des « armes autonomes ». Ils condamnaient ainsi ces engins qui, selon des critères pré-établis et sans l'intervention de l'être humain, peuvent décider de tirer ou non. Pour Musk, l'intelligence artificielle a désormais atteint un tel niveau que l'arrivée de machines de ce genre est envisageable d'ici quelques années. Elles constitueront alors, selon les termes de la lettre signée par le patron de SpaceX, la troisième révolution dans « l'art de la guerre », *« après l'invention de la poudre et celle de l'arme nucléaire »*.

---

7. C'est en 2011 que le super-ordinateur Watson a battu les meilleurs candidats humains du jeu télévisé *Jeopardy!*. Ce quiz américain fonctionne d'une façon un peu alambiquée : le présentateur énonce une « réponse » et le concurrent doit dire la question associée (Exemple : si on vous dit « Vlad Tepes », il faut dire « Quel personnage historique a inspiré le Dracula de l'écrivain irlandais Bram Stoker ? »). Culte aux États-Unis où il est toujours diffusé depuis 1964, *Jeopardy!* a été un temps adapté en France et diffusé sur TF1. L'auteur de ces lignes a d'ailleurs, adolescent, participé (et gagné !) à l'édition Junior de l'émission, en défendant les couleurs de son lycée perpignanais. Mais ça c'est une autre histoire !
8. Ainsi que le dit B. Braunschweig dans l'entretien susmentionné, les craintes les plus tangibles portées par l'IA *« concernent avant tout l'emploi, les inégalités, les biais que peuvent contenir ces systèmes »*.

L'avènement de l'IA paraissant inéluctable, Musk n'allait bien évidemment pas rester les bras ballants — on a bien compris que ce n'était pas le genre de la maison. Mais sa réplique a plutôt été inattendue. Pour lui, il n'y a plus qu'une chose à faire : traiter le mal par le mal. Autrement dit, pour que la technologie ne dépasse pas les êtres humains… il faut inclure la technologie dans les êtres humains[9] !

Quand Neuralink pointe le bout de son électrode

Le projet paraît fou, c'est pourtant bien celui de Neuralink, la start-up — enregistrée en Californie comme une société de recherches médicales dès juillet 2016, ainsi que l'a révélé le *Wall Street Journal* — fondée en toute discrétion par Elon Musk[10]. À l'époque, il était question de créer une sorte de *« couche d'intelligence artificielle dans le cerveau »*, comme l'explique le journal américain, pour que les humains puissent atteindre *« des capacités fonctionnelles plus élevées »*. Un mois avant, cette piste avait été évoquée par le milliardaire pendant une autre conférence, cette fois organisée par le magazine américain *Recode*[11]. Il avait, à cette occasion, évoqué la possibilité de créer une sorte de lien neuronal entre l'être humain et la machine.

Le propos du chef d'entreprise était alors baigné d'un certain flou artistique. Mais il posait le problème en ces termes : comment trouver un moyen d'améliorer l'intelligence humaine pour que nous ne soyons pas un jour dépassés par la puissance de l'intelligence artificielle ? Décidément adepte de la métaphore animalière, il expliquait, au cours de cette même conférence, qu'à côté de l'IA nous ferions bientôt figure d'animaux de compagnie. *« Je n'aime pas l'idée de devenir un chat domestique »*, plaisantait — à peine — Musk qui tâchait alors d'expliciter sa pensée : *« De la même façon que votre cortex travaille de façon symbiotique avec votre*

---

9. Autre réplique d'Elon Musk, il a cofondé, fin 2015, OpenIA, une organisation de recherche destinée à promouvoir une intelligence artificielle *« qui soit bénéfique à l'ensemble de l'humanité. Une importante part de cet effort consiste à entraîner l'IA à faire ce que veulent les humains »*, est-il expliqué sur le site web officiel : https://openai.com/

10. L'article du *Wall Street Journal* sur la création de Neuralink : https://on.wsj.com/3M0P3Kc

11. La vidéo de la conférence *Recode* de 2016 : https://bit.ly/3Fiad49

système limbique, il faudrait une couche numérique qui travaille avec votre cortex ». L'oracle de la Silicon Valley était-il, mine de rien, en train d'annoncer l'ère des cyborgs ? Pas de quoi en faire un fromage puisque, selon lui, nous en sommes déjà : « *Une version digitale de chacun d'entre nous existe déjà en ligne, avec nos emails, nos médias sociaux. Cela vous confère déjà des super-pouvoirs, davantage que ceux qu'avait le président des États-Unis il y a vingt ans : vous pouvez assister en ligne à n'importe quelle conférence, joindre qui vous voulez, de façon instantanée, faire des choses incroyables* ».

Mais le système demeurait hautement perfectible selon l'inventeur. « *Nos yeux peuvent traiter rapidement une grande quantité d'informations, mais notre système de saisie en utilisant nos doigts pour taper des messages est incroyablement lent* », déplorait-il. D'où la nécessité selon lui de recourir à un lien avec l'ordinateur qu'il qualifiait alors de « dentelle neuronale » — « *neural lace* » en VO —, encore une expression *made in* SF, empruntée une nouvelle fois à Iain M. Banks et à son *Cycle de la Culture*. Mais comment intégrer pareil dispositif à nos chairs ? Lors de la conférence de *Recode*, Musk évoquait la possibilité de « *passer par une veine ou une artère pour avoir accès aux neurones* ». Pas très convaincant ! Car, si le sang circule dans l'entièreté du corps pour irriguer notre cerveau, son accès en est toutefois très limité du fait qu'il est protégé par la barrière hémato-encéphalique qui est liée aux vaisseaux sanguins. « *Ils se structurent comme un arbre, en se divisant en éléments de plus en plus fins pour devenir finalement des capillaires,* explique le professeur de neurochirurgie Philippe Menei, chef de service au CHU d'Angers. *Ces vaisseaux sont toujours plus ou moins perméables. Si vous mettez une substance dans le sang, elle va finir par ressortir des capillaires et entrer dans l'organe innervé par l'arbre vasculaire. Mais pas dans le cerveau, où il est étanche : c'est ce que l'on appelle la barrière hémato-encéphalique.* » Ces vaisseaux ne laissant pas passer les molécules — ou alors dans des conditions très particulières, celles avec des particularités chimiques singulières — on peut alors se demander comment le dispositif muskien pourrait passer par cette voie pour atteindre l'encéphale. Reste donc l'option du bistouri : « *Vous parlez d'un dispositif implanté chirurgicalement ?* » lui était-il demandé en juin 2016 sur la scène de *Recode*. Il a fallu encore un peu patienter pour avoir la réponse…

Le 16 juillet 2019, lors d'un événement consacré aux nouvelles technologies à San Francisco, Musk a enfin expliqué ce qu'il avait en tête. En l'occurrence, mettre dans celle des autres une puce électronique. Un bijou de miniaturisation doté de plus de 3 000 microélectrodes connectées à la surface du cerveau, c'est-à-dire le cortex. Dans quel but ? *« Réaliser une sorte de symbiose avec l'intelligence artificielle »* selon l'entrepreneur, pour que l'être humain, ainsi augmenté par la technologie, ne soit pas surclassé par l'IA. *« Nous pouvons réaliser une interface cerveau-machine complète »* s'est félicité Musk. L'idée est en effet que chaque électrode, en étant branchée sur le cerveau, puisse enregistrer les signaux électriques qui le parcourent. Cette information pourrait alors être décodée par un algorithme dédié, et ensuite utilisée pour commander un ordinateur ou une machine. De quoi actionner un smartphone ou un fauteuil roulant par la pensée.

Mais ce n'est pas tout ! Avec son implant, Neuralink pourrait aussi traiter des maladies neurologiques. Car, si l'implant peut capter les signaux électriques du cerveau, il peut aussi lui en envoyer. Et donc corriger de mauvais fonctionnements neuronaux impliqués dans des maladies psychiatriques ou des handicaps moteurs. Cela, c'est le programme à brève échéance. Mais, évidemment, Musk voit plus loin. À San Francisco, il a expliqué que l'objectif était de rendre les implants extrêmement sûrs pour qu'ils soient installés lors de chirurgie de confort, par exemple chez des quidams qui voudraient augmenter leurs capacités cognitives. De quoi apprendre une langue en deux temps trois mouvements ? Des promesses incroyables — que l'on va discuter dans les pages suivantes — et qu'Elon voit arriver très vite : cette dentelle neuronale, une technologie avec *« un énorme potentiel »*, *« nous espérons pouvoir l'implanter sur un humain avant la fin de l'année prochaine. »*

Les trois cochons d'Elon

Arrive 2020, année du Covid. Et celle du cochon. En tout cas pour Neuralink. Le nouveau coup d'éclat de Musk à la conquête du cerveau date du 28 août. Ce jour-là, pendant à peu près une heure en direct sur YouTube[12], l'entrepreneur dévoile le résultat des implantations sur… trois cochons : Joyce, Dorothy et Gertrude. Chacun a sa particularité. Non pas « pas paille-bois-brique », mais « pas d'implant », « plus d'implant » et « toujours l'implant ». Attendez, j'explicite…

Joyce, le premier cochon, c'est le cochon lambda. Il n'a pas été opéré. Son rôle est celui du témoin : il permet aux spectateurs de la vidéo de constater que les deux autres cochons se comportent comme lui, c'est-à-dire comme un cochon sain de couenne et d'esprit. Il y a ensuite Dorothy. Le deuxième cochon a reçu un implant cérébral, qui lui a ensuite été retiré : l'animal est la preuve, selon Neuralink, que l'opération est réversible. On pourrait être équipé un jour de l'implant muskien jusqu'à ce qu'on en ait marre, pour ensuite se le faire enlever et passer à autre chose. Changer d'implant comme de chemise, en quelque sorte !

Arrive enfin le personnage principal : Gertrude, troisième star porcine de la démonstration de Neuralink, c'est le cochon augmenté. Il est *« heureux et en pleine santé, avec un implant depuis deux mois »*, ainsi que l'a présenté Musk. En l'occurrence, l'implant de Neuralink, connecté au cerveau de Gertrude, est branché au niveau de son cortex, sur la région des neurones de l'animal reliée à l'activité de son groin. Pour montrer aux spectateurs la réalité de l'enregistrement neuronal, celui-ci est traduit en « bips » sonores, et en courbes lumineuses visibles dans un coin de l'écran. Plus Gertrude farfouille du groin dans la paille de son enclos, plus les « bips » se font frénétiques. Et se calment quand elle relève la tête.

Après leurs tours de pistes, Joyce, Dorothy et Gertrude retournent dans leurs enclos. Une fois les cochons cachés, c'est au tour des ingénieurs de Neuralink de s'installer sur scène, aux côtés du boss Musk, pour prolonger la discussion et répondre aux questions des internautes — rappelons que l'événement a lieu en direct. L'équipe est ainsi interrogée sur la profondeur jusqu'à laquelle les implants

12. La vidéo de Neuralink est disponible ici : https://bit.ly/3LSJ5ew

pénètrent dans le cerveau, effectivement cantonnés pour l'heure à sa surface. « *On peut corriger la cécité et les problèmes d'audition en passant par le cortex* », affirme Musk, qui convient néanmoins que pour la dépression et les crises d'angoisse il faudrait plonger plus profondément dans le cerveau et aller jusqu'à l'hypothalamus.

Des tests sur des personnes paraplégiques sont aussi évoqués : appareillées avec des implants enregistrant les signaux moteurs au niveau du cortex, des personnes handicapées pourraient commander, par la pensée, fauteuils roulants et exosquelettes, ces dispositifs motorisés dont on peut revêtir le corps ou l'un de ses membres pour accroître ses capacités musculaires, ou pallier leur disparition. « *Ils seront capables de marcher de nouveau* », s'engage Musk. Citant Tesla pour laquelle il a affiché la même obsession à maximiser les questions de sécurité, il insiste aussi sur le fait que Neuralink travaille en étroite collaboration avec la FDA, la Food and Drug Administration, l'organisme qui donne les autorisations de commercialisation des médicaments et des dispositifs médicaux aux États-Unis.

Et question budget ? Elon Musk se risque là aussi à un pronostic puisqu'il imagine que le prix du dispositif descendra à quelques milliers de dollars, chirurgie incluse. Car Neuralink n'est pas qu'un dispositif de soin, il est destiné à devenir un appareil d'agrément. Ainsi, à la fin de la vidéo, l'équipe se lâche et imagine les possibilités de leurs implants : téléchargement de la mémoire, télépathie ou vision augmentée. Tout cela est-il bien raisonnable ?

DES ÉLECTRODES DANS LA TÊTE

LES IMPLANTS CÉRÉBRAUX, PAS NÉS DE LA DERNIÈRE PLUIE

Le cerveau, pas si fragile

Évidemment, la vidéo d'Elon et de ses trois cochons pose quantité de questions. Au début de ce direct diffusé à l'été 2020, le milliardaire montre l'implant réalisé par ses équipes. L'appareil évoque une pièce de monnaie nantie d'une sorte de tresse elle-même constituée d'une myriade de filaments : les microélectrodes. Ce sont elles qui sont plantées sous les crânes porcins. Une première question s'impose alors au néophyte : le cerveau, temple de l'intelligence et centre de commande de notre corps, est spontanément considéré comme un milieu fragile ; on n'a pas vraiment envie d'aller y farfouiller... Alors peut-il bien réagir à l'implantation d'électrodes ou de corps étrangers, sans que ces derniers ne provoquent de réactions physiologiques rédhibitoires, voire dangereuses ?

La réponse est oui, sans ambiguïté, répond le professeur de neurochirurgie Philippe Menei[13], « *de la même façon que la pose de plaques métalliques pour réparer les os ou celles de prothèses de hanches sont parfaitement maîtrisées. À cet égard, le cerveau est un organe comme un autre : il supporte très bien l'implantation d'un matériel à condition qu'il soit biocompatible ou inerte.* » Mieux encore ! Le cerveau, parce qu'il est assez isolé et protégé du reste de l'organisme, est amené à accepter davantage les implants que les autres organes. Cette protection naturelle dont il bénéficie, c'est la fameuse barrière hémato-encéphalique dont nous parlions un peu plus haut. On a vu qu'elle correspond à une étanchéité des vaisseaux sanguins au niveau de l'encéphale qui permet de ne pas laisser passer tout et n'importe quoi (des toxines par exemple) contrairement à ce qu'il se produit avec la vascularisation des autres organes.

Le matériau biocompatible provoque quand même une réaction du cerveau qui se concrétise par l'apparition d'une sorte de gangue au niveau de l'électrode. « *C'est l'avenir de tout matériel implanté,* reprend Philippe Menei. *Il y a toujours une réaction inflammatoire plus ou moins chronique* ». Elle se caractérise par la formation d'une coque fibreuse autour de l'implant. Cette réaction est dite « fibroblastique » dans les autres organes du corps où elle est provoquée par une cellule appelée le fibroblaste (un constituant du tissu conjonctif, qui agit comme un voile de protection autour des éléments organiques qu'il entoure). Dans le cerveau, il n'y a pas de fibroblaste. Mais une fonction similaire est réalisée par d'autres cellules, les astrocytes ; d'où la réaction « astrocytaire » que l'on appelle une gliose, et la formation d'une espèce de film cellulaire autour de l'électrode. L'ensemble est bénin, d'autant plus que le matériel de l'implant est biocompatible. Autrement dit, pas de quoi entraîner une réaction inflammatoire problématique.

---

13. Le neurochirurgien des Hôpitaux, Inserm U1232-CRCINA, est aussi l'auteur du livre de vulgarisation scientifique *Voyage du cerveau gauche au cerveau droit*, publié en 2021 chez EDP Sciences. Il a également signé l'article « Elon Musk, le singe et les trois cochons, une fable transhumaniste » à lire sur le site *The Conversation* : https://bit.ly/3kH64gE

Il n'empêche. La promesse de Dorothy — du nom du cochon « désimplanté » —, garantissant que l'implant d'agrément pourra être enlevé aussi facilement qu'il a été placé, paraît douteuse. Poser des électrodes de ce type, ce n'est clairement pas bénin ! *« Ce sont des gestes qui seront invasifs au début et invasifs à l'explantation aussi »*, reprend le professeur Menei. Une hypothèse : quand Musk prétend qu'il sera facile de se déconnecter, il évoque peut-être la résiliation d'un abonnement spécial Neuralink…

Pour en revenir à la gliose, elle montre que, finalement, la problématique n'est pas tellement la mauvaise tolérance sur le plan biologique de l'implant ; elle se pose plutôt en termes de bonne transmission du signal électrique. En effet, l'électrode sert à envoyer un signal électrique vers le cortex ou à recueillir l'influx électrique des neurones. Parfois, ces deux fonctions doivent être accomplies alternativement. Or, selon l'importance de la réaction gliotique, celle-ci forme une barrière entre l'implant et le cerveau qui est plus ou moins difficile à franchir. La gliose peut donc être un obstacle à la transmission et au recueil du signal. Agissant comme une sorte d'isolant qui se crée naturellement autour de l'électrode, elle va, selon son épaisseur, estomper le signal entrant ou sortant. C'est une contrainte connue qui nécessite donc de dimensionner les électrodes de façon à le contourner. Et ça, les spécialistes savent le faire. *« D'ailleurs, l'implantation chronique d'électrodes cérébrales est quelque chose que l'on fait tous les jours ! »* insiste le professeur Menei.

Elon Musk n'a pas inventé les implants cérébraux

Il faut insister là-dessus : les implantations cérébrales ne sont pas nées avec Elon Musk. Le neuroscientifique Éric Burguière, responsable de l'équipe « neurophysiologie des comportements répétitifs » de l'Institut du Cerveau confirme : *« L'implant de Neuralink est élégant, il y a une petite musique en fond de vidéo et Musk a l'art de la mise en scène. Mais scientifiquement, utiliser des électrodes pour écouter les neurones, nous le faisons tous les jours dans les labos »*. Ainsi, cela fait belle lurette que la connexion entre le système nerveux et des dispositifs électroniques est une chose pratiquée. Dans certains cas, il s'agit encore d'études scientifiques, cantonnées au monde des blouses blanches. Mais d'autres gestes sont désormais pratiqués par les médecins « en routine », comprenez qu'ils sont entrés dans les us et coutumes de la médecine.

En échangeant avec ces neuroscientifiques, un souvenir m'est d'ailleurs revenu en mémoire. Celui d'une vidéo vue il y a des années, en préparant je ne sais plus quel papier. Je me souviens encore de la façon dont cette courte séquence m'avait estomaqué. On y voyait une dame portant un verre d'eau à sa bouche. Comment imaginer un geste plus anodin ? Mais cette personne était atteinte de la maladie de Parkinson. Ce trouble neurologique se traduit par de très forts tremblements. Ainsi, le verre d'eau projetait des vagues ; le trajet entre la table et la bouche était littéralement infranchissable : le récipient avait été tellement secoué qu'il arrivait vide aux lèvres de la malade. Mais dans cette vidéo, survenait soudainement un « miracle ». Les secousses disparaissaient et le geste de la patiente devenait ferme. Et cela grâce à la soudaine mise sous tension de l'implant cérébral dont le cerveau de cette personne était appareillé. Un dispositif pourvu d'électrodes de plusieurs centimètres et pénétrant dans la zone profonde où naissent les signaux électriques provoquant la mauvaise motricité des membres. *« Il y a des neurones dans le cortex, c'est-à-dire en surface du cerveau, mais ils sont aussi regroupés en profondeur dans des sortes d'îlots que l'on appelle les noyaux gris profonds. C'est l'un de ces noyaux qui est ciblé pour le traitement du Parkinson »*, explique Philippe Menei.

Cette technique, appelée la « stimulation cérébrale profonde » (en anglais DBS, « *Deep Brain Stimulation* »), consiste à diffuser un courant électrique qui se traduit par l'annulation des secousses caractéristiques de Parkinson. *« Il s'agit d'une stimulation continue. C'est complètement indépendant de l'activité cérébrale. L'approche est différente de celle de Musk qui, lui, veut enregistrer et comprendre les signaux dans le cerveau »*, commente Éric Burguière. Il n'empêche, cette technique est une découverte charnière de l'histoire des interventions électrique dans le cerveau. Elle a émergé dans les années 1980 et on la doit aux travaux de l'équipe du scientifique français Alim-Louis Benabid. Une étoffe de Nobel qui, s'il ne l'a pas encore eu, collectionne les récompenses dont on dit souvent qu'elles en sont l'antichambre. Il a ainsi reçu en 2014 le prix Albert-Lasker, qui récompense « la compréhension, le diagnostic, la prévention, le traitement et la guérison d'une maladie[14] ». Un an plus tard, c'est le Breakthrough Prize[15] qui lui a été attribué. Ce prix créé par les pontes de la Silicon Valley et récompensant les avancées majeures dans les domaines des sciences de la vie, des mathématiques et de la physique a été accordé à Benabid pour ses travaux sur la stimulation cérébrale profonde.

Cette technique est d'ailleurs désormais utilisée en routine pour traiter la maladie de Parkinson. En France, vingt-deux centres hospitaliers en réalisent régulièrement[16]. *« C'est une technique totalement reconnue et remboursée par la Sécurité sociale. Si au début son indication était effectivement la maladie de Parkinson, elle commence à se développer dans d'autres applications, liées à divers types de mouvements anormaux »*, reprend le professeur Menei. Son emploi est considéré sous le couvert d'une évaluation nationale pour certains troubles psychiatriques : des TOC (les troubles obsessionnels compulsifs), mais aussi des troubles du comportement alimentaire comme l'obésité ou l'anorexie. L'idée étant d'inhiber ou d'activer un centre neuronal de satiété ou un centre contrôleur de la faim dont on sait où ils sont situés dans le cerveau. À l'Institut du Cerveau, l'équipe d'Éric Burguière travaille justement sur la même idée pour traiter les TOC : *« En stimulant le cerveau, il est possible de faire en sorte que ces personnes n'aient plus leur obsession ni leur compulsion, et soient libérées de leurs ruminations mentales. »*

Mais revenons à Musk. Lui ne vise pas les profondeurs du cerveau. L'implant de Neuralink est concentré sur les ondes de surface puisqu'il cible le cortex, ainsi que l'a précisé l'équipe à la fin du direct sur YouTube. On l'a dit, les activités enregistrées sur les neurones reliées au groin du cochon se traduisent par des tracés dont les dessins bleus sur fond noirs sont présentés dans la vidéo de l'été 2020. *« Ce sont des enregistrements de grande qualité — on appelle*

14. Voir leur site : https://laskerfoundation.org/about-us/mission/
15. Parmi les créateurs de ce prix, sorte de nouveau Nobel agrémenté de paillettes façon Hollywood, on retrouve Mark Zuckerberg (Facebook) ou encore Sergey Brin (Google)... Mais pas Elon Musk !
16. Comme il est précisé sur le site du CHU de Toulouse : https://tinyurl.com/3rc35ab7

cela des potentiels d'action — qui traduisent bien l'activité de neurones pris individuellement » commente Éric Burguière après avoir vu la séquence. Pour le scientifique, les équipes de Musk ont vraiment réussi leur coup : « *Je trouve très impressionnant qu'en seulement quelques années ils soient parvenus à mettre au point un capteur capable de faire de tels enregistrements* ».

Mais d'évidence, Musk ne veut pas se contenter de cela. Son ambition n'est pas simplement d'enregistrer les soubresauts neuronaux mais de déchiffrer ces informations pour en faire autre chose. « *C'est ce que cherche à faire une grosse partie de la communauté neuroscientifique depuis effectivement vingt ou trente ans : comprendre ce qui est encodé dans le cerveau* », reprend Éric Burguière. Rien de moins que de lire les intentions des gens. De très gros projets ont été initiés ces dernières années pour explorer ces questions, comme le Human Brain Project en Europe qui vise à reproduire le fonctionnement du cerveau grâce à un superordinateur, ou encore la Brain Initiative lancée en 2013 aux États-Unis par l'administration Obama qui poursuit peu ou prou le même objectif. Pour l'heure, aucun n'a accouché de résultats déterminants. Musk réussira-t-il là où les autres patinent ?

Les interfaces cerveaux-machines

Avec Neuralink, Elon Musk s'inscrit dans un champ de recherches exploré depuis les années 1970, celui des interfaces cerveau-machines (ICM). L'idée est bien d'organiser une liaison directe entre un cerveau et un ordinateur pour permettre à la personne ainsi appareillée « *d'agir par la pensée* », en effectuant des actions « *sans passer par l'action des nerfs périphériques et des muscles* » ainsi que l'explique l'Inserm dans un dossier[17] qui rappelle que les premiers essais cliniques sur l'être humain datent du milieu des années 1990. « *Implanter un casque sur une personne qui est tétraplégique et lui faire actionner un bras robotisé pour amener un gobelet à lui, ce sont des choses qui ont déjà été faites* », commente ainsi Éric Burguière.

17. Le dossier de l'Inserm : https://www.inserm.fr/dossier/interface-cerveau-machine-icm/

C'est là l'objectif, par exemple, du système BrainGate toujours en cours de développement aux États-Unis depuis le début des années 2000. Fruit de l'association d'une société de biotechnologies privée travaillant avec des universités américaines, ce dispositif est actuellement testé sur des personnes paralysées[18].

Les résultats sont assez stupéfiants. Prenez le cas de Dennis DeGray, paralysé à partir du cou et capable de taper sur un clavier numérique uniquement par la pensée. Cet homme a été greffé en 2016 de 100 électrodes au niveau de son cortex moteur, la zone du cerveau qui contrôle les mouvements. Si son handicap ne lui permet plus de bouger ses doigts pour choisir les caractères de son clavier, il peut toujours penser à le faire. Et ce sont justement ses pensées qui sont captées par l'électronique de l'implant — un gros boîtier qui semble posé sur son crâne mais qui, lui, est bel et bien connecté —, le signal résultant étant envoyé à un ordinateur qui peut effectivement choisir les lettres auxquelles pense Dennis. Ainsi que le résume le site du MIT Technology Review[19], il ne s'agit de rien de moins que d'utiliser son cerveau comme une souris d'ordinateur.

Dans le cas de Dennis DeGray, l'interface cerveau-machine repose sur la transformation d'une tâche imaginée : il pense à déplacer ses doigts sur une certaine touche pour appuyer dessus, et l'onde cérébrale qui traduit cette volonté est captée et transformée pour que l'action soit bel et bien réalisée. *« Il existe aussi l'approche dite des potentiels évoqués,* explique la directrice de recherche émérite Inserm, Agnès Roby-Brami. *Dans ce cas, la personne appareillée doit se concentrer sur des propositions qui lui sont faites : on lui présente un clavier spécial avec des lettres qui s'éclairent les unes après les autres. Quand vient le tour du caractère auquel pense la personne, cela provoque une variation du signal cérébral qui montre que c'est bien celui qu'elle a en tête. De lettre en lettre, il est possible de composer un mot. L'inconvénient c'est que cela*

18. La « *time line* » des publications liées au système BrainGate est disponible ici : https://www.braingate.org/publications-timeline/

19. L'article « Brain implants could be the next computer house » est disponible en ligne : https://bit.ly/3FqZXGP

oblige les patients à se concentrer sur la tâche de décodage alors qu'ils veulent simplement faire quelque chose ».

Ce genre de dispositif ne nécessite pas forcément l'implant de l'électronique dans la tête. La fonction peut simplement être réalisée par le biais d'un casque à électroencéphalogramme (EEG). Ce genre de « périphérique » a connu une percée dans l'industrie du jeu vidéo le rendant désormais disponible dans le commerce. Visuellement, ça ressemble à un bonnet de bain hérissé de capteurs : des électrodes de scalp — c'est-à-dire simplement posées sur le crâne — qui peuvent enregistrer l'activité cérébrale. *« Entre le casque posé et l'implant, c'est la qualité de l'information qui diffère,* explique Éric Burguière. *Quand vous êtes au niveau du scalp, c'est comme si vous écoutiez une espèce de musique derrière un gros mur : vous entendrez les basses fréquences, mais c'est une information sans subtilité. En revanche, si vous êtes au plus proche de l'enceinte — ça ce sont les électrodes dans le cerveau —, vous allez avoir une granularité bien plus fine et une qualité d'information meilleure »*.

Toujours plus subtils et précis, certains de ces dispositifs fonctionnent selon le principe de rétrocontrôle. C'est-à-dire que l'implant délivre un signal électrique qui varie en fonction de celui qu'il détecte dans le cerveau. Pareils équipements sont en cours de développement, notamment dans les laboratoires de Medtronic, le géant de l'électronique embarqué en médecine[20], où les ingénieurs réfléchissent à des systèmes de rétrocontrôles dans le traitement de l'épilepsie. Il s'agit de mettre l'implant près de la zone épileptogène du cerveau pour que, quand apparaissent les activités électriques

20. Medtronic a été créée en 1949 par l'Américain Earl Bakken. Il est l'inventeur du pacemaker : cette idée d'utiliser l'électricité pour stimuler le cœur, et donc prolonger la vie, lui venait du film *Frankenstein* (1931) de James Whale dont le spectacle, petit garçon, l'avait épaté. La foudre, comme quantité d'appareils électriques, y sont utilisés pour insuffler la vie au monstre (autant d'éléments qui ne sont pas explicités dans le livre de Mary Shelley). Voir mon article pour *Sciences et Avenir* qui ne sont pas explicités dans le livre : https://bit.ly/3P4nVMG

qui sont les prémices d'une crise d'épilepsie, l'implant envoie sa stimulation électrique inhibitrice. Ainsi, tout se passe à l'insu du patient, qui ne sait même pas qu'il vient d'échapper à une crise !

« L'idée est ici de travailler selon le principe de la boucle fermée, explique Éric Burguière. *L'électronique de l'implant détecte un signal électrique dans le cerveau et, selon sa valeur, il génère un autre signal renvoyé dans le cerveau pour corriger l'information physiologique ».* Ces travaux en boucle fermée (« *close loop stimulation* ») sont notamment explorés en Angleterre par le scientifique Peter Brown qui travaille sur la maladie de Parkinson. Mais, contrairement à l'approche popularisée par Benabid, Brown ne stimule pas en permanence. À l'inverse, il enregistre et surveille l'activité du cerveau et, en fonction de certains indices détectés, la méthode Brown va stimuler ou ne pas stimuler. Son signal n'est pas continu. Toutefois, cette application en boucle fermée a encore besoin d'être affinée : *« L'équipe a placé un seuil et, quand il est franchi, le dispositif stimule la zone du Parkinson, mais sans trop savoir à quoi correspond ce seuil. Ils ont des hypothèses pour l'expliquer mais aucune certitude »*, reprend le chercheur de l'ICM. Ils ont toutefois observé que cela pouvait fonctionner ainsi. *« C'est caractéristique de la médecine : il arrive souvent que des traitements fonctionnent sans que l'on sache pourquoi. On se dit qu'on les comprendra plus tard pour éventuellement les améliorer, mais tant que cela fonctionne on le propose au patient »* reprend Éric Burguière.

Des prouesses sont également accomplies en France. Ainsi à Grenoble, la société Clinatec du professeur Alim-Louis Benabid — décidément toujours précurseur ! —, continue ses recherches sur une interface cerveau-machine dont le but est de permettre aux patients tétraplégiques de remarcher grâce à un exosquelette commandé à l'aide d'un implant placé dans le cerveau. En juillet 2019, un jeune homme paralysé des quatre membres arrivait ainsi, après deux ans d'entraînement, à faire quelques pas avec ce lourd équipement. *« C'est un peu l'équivalent de ce que Elon Musk propose,* reprend Agnès Roby-Brami. *Il y a eu aussi le projet du neuroscientifique Miguel Nicolelis, très à la pointe des questions d'interfaces cerveaux-machines : en 2014, pour lancer le premier match de la Coupe du monde du Brésil, un jeune patient tétraplégique équipé d'un exosquelette développé par l'équipe de Nicolelis avait tapé dans un ballon*[21] ». Il y a d'ailleurs eu une énorme communication autour de cet événement ; on avait à l'époque parlé un « coup de pied » alors qu'il ne s'était finalement agi que d'une balle légèrement poussée. « *C'était très, très loin de ce qui a été promis* », reprend cette spécialiste de la rééducation des patients et de l'assistance par des robots aux personnes. « *Néanmoins,* commente Philippe Menei, *il paraît évident que dans les dix ans à venir on verra marcher des paraplégiques avec des exosquelettes* ».

Les apports de Neuralink

Refaire marcher les personnes handicapées ; à écouter ces spécialistes, on comprend que médecins et scientifiques n'ont pas attendu Elon Musk pour s'investir dans ce projet. Aussi, il est naturel de se demander… ce que Musk peut bien apporter de neuf ! La réponse tient en un mot : miniaturisation. « *Le cortex a beau désigner la surface du cerveau, il est lui-même constitué d'un empilage de plusieurs couches organisées de neurones,* explique Philippe Menei. *La problématique de la stimulation et du recueil électrique, c'est d'avoir accès à tous ces neurones profonds dans l'espace en trois dimensions du cortex. Ce n'est pas toujours évident. L'implant développé par Neuralink est constitué de très nombreuses microélectrodes très, très fines. Imaginez une espèce de brosse métallique à cheveux branchée sur le cortex et pénétrant toutes ses couches constitutives. Cela offre une possibilité de recueil électrique beaucoup plus sensible qu'avec une simple électrode posée à la surface de l'encéphale* ».

Cette « brosse métallique », il est possible de voir à quoi elle ressemble dans la vidéo de l'été 2020. Il faut revenir à cette séquence, qui commence par un discours d'Elon Musk la jouant franc-jeu dès le début de son intervention : l'idée de cette présentation est de provoquer une envolée de CV. C'est clairement une vidéo de recrutements ! Son objectif, en exposant l'état des travaux de Neuralink, est de convaincre des gens talentueux de venir travailler dans la société de biotechnologies. Une société dont il résume la raison d'être en une seule formule : « *Résoudre d'importants problèmes du cerveau et de la colonne vertébrale avec un appareil implanté et invisible* »,

21. La vidéo de 2014 au Brésil : https://tinyurl.com/2jr8ab46

en précisant : « *L'implant est dans votre tête, mais vous avez l'air tout à fait normal, et vous vous sentez normal* ».

Pourquoi le patron de SpaceX et de Tesla s'est-il embarqué dans cette nouvelle aventure entrepreneuriale ? Il le justifie ensuite en expliquant que « *presque tout le monde aura des problèmes neurologiques au cours de sa vie, aussi nous avons besoin d'un appareil à mettre dans le cerveau qui soit fiable et abordable* ». Perte de mémoire et d'audition, cécité, paralysie, dépression, insomnie, douleurs extrêmes, convulsions, anxiété ou addiction… « *tous ces problèmes sont liés à des signaux électriques générés par les neurones dans le cerveau. Si vous pouvez corriger ces signaux vous pouvez corriger ces problèmes* ». Les yeux ronds, Musk insiste : « *Beaucoup de gens ne s'en rendent pas encore compte* », mais « *nos neurones sont comme du câblage. Il est donc possible d'utiliser un dispositif électrique pour résoudre un problème électrique* ».

Avant de dévoiler la solution *made in* Neuralink, Musk déroule les solutions d'implantation qui existent déjà à l'heure actuelle — pas de surprises, ce sont celles que nous avons vues précédemment. Il y a d'abord le dispositif tel que celui équipant Dennis DeGray et destiné aux personnes n'ayant plus l'usage de leurs membres. Comme nous l'expliquions, ce sont des implants très encombrants, qui sortent de la tête de la personne appareillée. Et chacun est pourvu de 100 canaux, autrement dits 100 électrodes. C'est peu, pour un système qui appareille seulement une douzaine de personnes de par le monde. « *C'est une preuve de concept,* estime Elon Musk. *Cela montre que ça marche mais ce n'est pas quelque chose que l'on peut utiliser.* »

Le milliardaire évoque ensuite la stimulation cérébrale profonde. « *C'est un dispositif qui a changé la vie de 150 000 personnes dans le monde* » explique-t-il. Mais si elle permet d'agir sur le cerveau, elle n'est qu'une approche façon force brute qui ne décode pas l'information cérébrale, « *elle ne permet pas de lire et d'écrire dans le cerveau* », résume Musk, avant de lever enfin le rideau sur l'implant de Neuralink.

Ses ingénieurs ont œuvré avec une obsession : simplifier l'appareil. À l'été 2019, l'implant prenait la forme d'un petit dispositif à placer derrière l'oreille. Encore trop voyant. Désormais, l'engin est beaucoup plus discret. Si riquiqui que, lorsque Musk le montre à la caméra, cette dernière a du mal à faire le point dessus ! Link V0.9, le nom du dernier prototype au moment de la présentation, a la forme d'une grosse pièce de monnaie. Ses dimensions : 23 mm de diamètre pour 8 mm d'épaisseur. Il est destiné à être placé dans le crâne à la place du bout d'os qui aura été préalablement enlevé. L'implant est doté de 1 024 électrodes. C'est moins que les 3 000 promis en 2019, mais c'est déjà énorme. Il fonctionne sur batterie, avec une autonomie d'une journée. La recharge est censée se faire la nuit, par induction, autrement dit, sans fil. *« Je pourrais à l'heure où je vous parle être équipé d'un implant Neuralink et vous ne le sauriez même pas »*, assène Musk qui ajoute après une pause et pour la blague : *« C'est peut-être le cas ! »*

À la fin de la vidéo, quand le reste de l'équipe est invitée à prendre la parole, l'un des ingénieurs de Neuralink précise que chaque électrode du Link est vingt fois plus fine qu'un cheveu. « *On est quasiment dans les nanotechnologies,* commente Philippe Menei. *Ce type d'interface cerveau-machine est certes développé par d'autres groupes de recherches, avec des réalisations très reconnues et des travaux publiés dans les revues scientifiques. Mais ce que Neuralink amène de plus, c'est vraiment la miniaturisation de son implant. Techniquement, une vraie innovation par rapport à ce qui se faisait jusqu'à présent »*.

Le neuroscientifique Éric Burguière ne dissimule pas non plus son enthousiasme face à cette réalisation technique : *« Musk est quelqu'un de particulier qui ne laisse pas indifférent. Personnellement, je suis assez impressionné par ses réalisations passées, notamment chez SpaceX. Il y a du génie chez cette personne. Là, il arrive dans notre domaine. Mais contrairement à d'autres — parce qu'on en a vu débarquer en promettant monts et merveilles — je le prends au sérieux. Même si le challenge est très haut, il est crédible. Parce que ses équipes sont solides. Il n'est pas tout seul. Lui est un peu visionnaire, mais sa force est aussi de s'entourer des meilleures personnes. Cela m'interpelle parce que je me dis, peut-être qu'il va arriver à rattraper son retard et puis à aller plus vite sur certaines questions »*.

Cette même séquence vidéo est par ailleurs marquée par la présentation du robot-chirurgien de Neuralink. Car oui, la pose de l'implant dans le crâne des cochons a en effet été réalisée par un dispositif évoquant les casques sèche-cheveux des coiffeurs professionnels. Sauf que là, une aiguille à planter dans le crâne se trouve au milieu du casque en question. C'est par son truchement que les microélectrodes seront insérées dans le cerveau, d'une façon automatisée. Et rapide ! Selon Musk, l'implantation du « Link » — qui se ferait sans anesthésie générale — durerait moins d'une heure, permettant ainsi au patient de quitter l'hôpital le jour même.

Sur la question des délais, on sait que Musk a un rapport au temps particulier... Mais le robot-chirurgien en lui-même est très impressionnant. Pourtant, pour un expert, cela a un petit goût de déjà-vu. « *De telles machines sont déjà utilisées en neurochirurgie,* reprend Philippe Menei. *Ces robots ressemblent beaucoup aux gros bras mécanisés que l'on trouve sur les chaînes de montage de voitures. Le service du CHU d'Angers en est équipé. La tête du malade est fixée et sa position est précisément repérée dans l'espace, ce qui permet au robot de savoir à quel endroit du crâne il doit intervenir* ».

Musk est décidément un très grand communicant. Quand on l'écoute, on a l'impression que c'est lui qui a tout inventé. Mais tout n'est pas à prendre au pied de la lettre !

DES IMPLANTS POUR LES PERSONNES PARAPLÉGIQUES

Est-ce qu'un exosquelette contrôlé par la pensée pourra un jour remplacer le fauteuil roulant ? Le débat reste ouvert sur la pertinence de l'approche consistant à implanter le cerveau des personnes handicapées. Pour certains, ce pourrait être la fausse bonne idée, dans la mesure où on pourrait récolter d'autres signaux physiologiques de façon moins invasive. « *J'ai pas mal travaillé à Garches, dans les Hauts-de-Seine, à l'unité de médecine physique et de réadaptation avec des patients tétraplégiques,* explique Agnès Roby-Brami, *en me confrontant notamment à la question très utilitaire de l'interface : comment permettre aux personnes tétraplégiques de mieux communiquer. Depuis longtemps, il me semble que les interfaces cerveaux-machines sont la promesse qu'un jour on pourra tout commander directement avec le cerveau. Le revers de la médaille, c'est que cela a mis de côté et minoré toutes les recherches que l'on aurait pu faire sur des façons d'interagir en utilisant les signaux moteurs que les personnes peuvent garder* ».

Cela pourrait être beaucoup de choses — à condition de développer les bons capteurs — comme utiliser les clignements des yeux, le souffle ou encore le mouvement de la tête. Car il y a très peu d'indications où les personnes sont complètement paralysées : les tétraplégiques et les lésions très hautes de la moëlle épinière, les syndromes de *locked-in* (aussi dits « d'enfermement ») et les SLA, les scléroses latérales amyotrophiques, qui évoluent très rapidement. « *Dans les autres cas,* continue la scientifique, *les personnes conservent très longtemps des possibilités de communiquer avec l'extérieur, par des mouvements, soit de la tête, soit des yeux. Il y a eu relativement peu d'études qui ont visé à aider vraiment ces patients, à développer des systèmes ergonomiques plus sophistiqués, parce que finalement on se disait qu'on allait capter l'intention à la source en mettant une interface cerveau-machine. Je trouve que c'est un raccourci dont l'efficacité n'est pas prouvée : cela fait des dizaines d'années que l'on travaille dessus et cela ne passe toujours pas dans l'utilisation quotidiennes* ».

En écoutant la directrice de recherche émérite Inserm, je me remémore une rencontre que j'ai faite il y a quelques mois d'une jeune femme atteinte du *locked-in syndrome*. J'avais échangé avec elle par l'intermédiaire d'une membre de l'association ALIS[22] qui travaille aux contacts des personnes atteintes de ce syndrome comme de leurs familles. Pour communiquer, la patiente clignait des paupières afin de sélectionner la lettre voulue parmi celles proposées par son

22. Le LIS, *locked-in syndrome*, avait fortement été médiatisé par le récit autobiographique de Jean-Dominique Bauby, *Le scaphandre et le Papillon*, lui-même atteint de ce syndrome après une attaque cérébrale. Il avait dicté son livre par les clignements de son œil gauche. Décédé en 1997, il est le fondateur de l'Association du *Locked-in syndrome*, ALIS. Voir son site web : https://alis-asso.fr/

aidante sur un tableau alphabétique. Mises bout à bout, les lettres choisies formaient le mot auquel la patiente pensait.

D'autres solutions existent, qui consistent à filmer le regard de la personne handicapée, mais elles sont peu accessibles, parce que très coûteuses. « *Ce serait moins le cas si on avait mis un tout petit peu des efforts engagés sur l'interface cerveau-machine pour améliorer ce type de communication* », conclut Agnès Roby-Bram.

Il n'en reste pas moins que les recherches sur les interfaces cerveaux-machines ont eu un avantage certain : celui de développer la connaissance qu'ont les scientifiques du fonctionnement cérébral. L'enregistrement des populations de neurones a eu un effet important sur la recherche fondamentale, qui se traduit par une étroite cartographie de l'encéphale. La finesse d'analyse est assez bluffante, puisqu'on arrive à une précision équivalente à une sorte de Google Maps du cerveau !

L'ORDINATEUR VIVANT
EN ROUTE VERS LE TRANSHUMANISME

Le singe qui joue à *Pong* par la pensée

Après les cochons, le singe. Ils auraient pu l'appeler King Pong, mais son nom est Pager. Ce macaque de 9 ans, est le principal — et le seul — acteur de l'autre vidéo à sensation postée par Neuralink sur YouTube le 9 avril 2021[23]. Cette courte séquence, qui dure moins de 4 minutes, donne dans la mise en scène minimaliste. La caméra, en plan fixe, est braquée sur l'animal qui regarde un écran vidéo. En arrière-plan, une sorte de papier peint d'effet plutôt sinistre évoque un décor de jungle. Mais Pager n'est pas en pleine nature. Le primate a été greffé de deux implants Neuralink, un de chaque côté de son cerveau, ainsi que nous l'explique une douce voix *off* (qui n'est pas celle de Musk). D'ailleurs, les poils n'ont pas tout à fait repoussé à l'endroit des opérations. Pour quel résultat cette chirurgie ? Que Pager puisse jouer à *Pong* par la pensée.

Pong ? Mais si, vous savez bien. Ce jeu vidéo date du début des années 1970 — la Préhistoire de l'industrie vidéoludique. Il consiste à renvoyer une balle qui se balade de part et d'autre de l'écran avec deux raquettes aux déplacements verticaux de chaque côté de l'image. L'une est contrôlée par l'ordinateur, l'autre par le joueur, normalement *via* un joystick. Mais Pager n'a pas de joystick. Selon les explications du commentateur, ce sont les signaux de son cerveau, enregistrés par

23. Sur la page officielle de Neuralink où elle comptabilise presque 6 millions de vues : https://bit.ly/3P1XOFS

plus de 2 000 électrodes (puisqu'il y a deux implants) qui lui servent à contrôler le déplacement de la raquette. Ces informations neuronales correspondent au mouvement que Pager pense à faire et sont traduites en temps réel par un ordinateur relié — sans fil — aux implants. Ce dernier les transforme alors en des commandes électriques qui font, effectivement, bouger la raquette. À l'écran, elle ne rate aucune balle ; Pager semble très fort à ce jeu-là…

Avant de parvenir à jouer à ce « *Pong mental* », le singe est passé par une phase d'entraînement. *« Les enregistrements doivent être faits sur le cortex moteur : les activités cérébrales y sont les mêmes que l'on fasse le mouvement ou qu'on l'imagine,* décrypte la directrice de recherche émérite Inserm Agnès Roby-Brami. *Le principe est que le singe apprend à commander le mouvement de la raquette pour avoir sa récompense, puis on substitue progressivement l'interface cerveau-machine au joystick, et le singe apprend à continuer à mobiliser la raquette en imaginant le mouvement qu'il faut faire »*. Cette phase d'entraînement est en effet dévoilée en début de vidéo où Pager déplace une bille à l'écran avec le joystick. Chaque fois qu'il réussit une action, il est bel et bien récompensé *via* un tuyau par lequel on lui fait passer de la nourriture, qu'il tète tout en jouant.

« C'est Pavlov, ce n'est pas récent », souligne Agnès Roby-Brami. Face à son écran, le singe est en effet affamé. S'il pense à bien faire bouger la balle, c'est parce qu'il associe cette manœuvre à l'obtention de son *« délicieux smoothie à la banane »* (*dixit* la voix *off*). Il comprend alors qu'il doit continuer à se concentrer dans ce sens-là pour obtenir à manger ; c'est un phénomène de boucle. Autrement dit, dans cette expérience, si d'un côté les chercheurs s'évertuent à décoder les signaux neuronaux à partir des populations de neurones, de l'autre le singe apprend lui aussi. Il est conditionné. Au fur et à mesure qu'il va développer son adresse sur *Pong*, il va se perfectionner. Il y a ainsi un double apprentissage : c'est-à-dire que l'interface va apprendre et le singe aussi.

Le résultat est stupéfiant, puisque Pager joue avec son esprit. Mais évoquons tout de même une hypothèse : tout cela ne peut-il pas être une illusion ? Vous savez, comme dans ces spectacles avec un cheval savant à qui le dresseur demande « 2 x 4 ? » et lui tape huit fois du sabot sur le sol. Pour autant, les équidés ne savent pas vraiment compter et ne font que répondre à un *stimulus*. Ici, la façon dont l'histoire est présentée, c'est que Pager joue à *Pong* par la pensée ; cela semble quelque chose de très évolué.

Pourtant, le même résultat pourrait être atteint à l'aide d'un artifice. Il consiste à suivre les yeux du macaque, ainsi que l'explique le neuroscientifique Éric Burguière : *« Si j'arrive à décoder les signaux de saccade du regard du singe, je n'ai pas une information qui relève de son intention ; c'est juste que je prends les yeux, je vais là où il suit la balle, et la raquette va se retrouver dans cette position. C'est différent de le dire comme cela par rapport à "je lis dans les pensées du singe et j'arrive à lui faire jouer par la pensée à ce type de jeu". En neuroscience, on peut trouver des artifices pour faire croire que l'on fait des choses complexes alors que le dispositif est plus simple ».* Prudence donc de ne pas prendre les vessies pour des lanternes ! Dans ce type d'expérimentations, les messages rendus peuvent paraître formidables tandis que l'interprétation faite de l'information n'est finalement peut-être pas la bonne. Ce qu'il se passe est possiblement quelque chose de beaucoup plus simple.

Quelques soient les signaux cérébraux qui sont enregistrés par Neuralink sous le crâne de Pager, il faut aussi préciser que ce type de dispositif n'est pas inédit. *« D'autres équipes de chercheurs ont fait des expériences de ce type sur des singes avec des résultats à peu près équivalents »*, commente Agnès Roby-Brami. En effet, le docteur Miguel Nicolelis, évoqué plus haut à propos de l'exosquelette équipant un jeune homme paralysé dont le mouvement du pied a lancé la Coupe du monde de 2014 au Brésil, s'est illustré à plusieurs reprises sur ces questions[24].

En 2011, le chercheur de l'Université Duke (à Durham, en Caroline du Nord, aux États-Unis) avait équipé des cerveaux de singes d'électrodes pour qu'ils contrôlent, par la pensée, un bras virtuel à l'écran d'un ordinateur. Ce bras saisissait alors des objets eux aussi virtuels, aux caractéristiques tactiles différentes — comme

24. Les travaux d'Andrew Schwartz et de son équipe du Motorlab à l'Université de Pittsburgh sont aussi pionniers sur la question des implants chez le singe et l'humain. Voir leur site : https://motorlab.pitt.edu/index.php

peuvent l'être la surface d'un verre et la granulosité d'un fruit. Or, ces différences étaient traduites par l'envoi d'autres signaux électriques vers le cerveau des primates, lesquels, après un peu d'entraînement, parvenaient à distinguer les différentes textures. Bref, les implants cérébraux leur donnaient le sens du toucher. Un travail à mettre en perspective dans la poursuite de la réalisation de prothèses sensibles pour les personnes amputées.

En 2014, l'équipe de Nicolelis s'est ensuite associée à celle des chercheurs de l'Institut des neurosciences Edmond et Lily Safra au Brésil, pour une expérience qui a connu un fort retentissement médiatique. On avait alors parlé de « rats télépathes » ! Deux rongeurs, séparés par des milliers de kilomètres, — l'un était à Natal au Brésil et l'autre à Durham aux États-Unis —, étaient reliés par leurs implants cérébraux. Chacun dans leur cage, ils pouvaient actionner deux leviers, dont l'un seulement donnait accès à une récompense. Tandis que l'un des deux rats avait connaissance du bon levier à actionner — il était indiqué par une diode lumineuse — l'autre rongeur en était au contraire privé. Il savait néanmoins où trouver cette information : dans l'esprit de son congénère (laquelle était transmise en temps réel sur le web). Selon les scientifiques, ces travaux montrent bien qu'il est possible *« d'associer en réseaux des cerveaux d'animaux pour échanger, traiter et stocker de l'information »* ce qui ouvre la voie à des travaux sur des *« dispositifs informatiques biologiques*[25] *»*.

Sur la route du transhumanisme

Évoquer des « dispositifs informatiques biologiques », c'est un peu comme parler d'ordinateurs vivants. Et être ramené à l'idée initiale d'Elon Musk : créer une symbiose entre l'intelligence artificielle et l'être humain pour que la première ne puisse pas prendre l'ascendant sur le second. Y arrivera-t-il ? *« Musk est vraisemblablement en train d'utiliser ce qui a été fait dans le domaine des sciences fondamentales pour l'améliorer en termes de technologies, avec des électrodes extrêmement fines et une intégration électronique très bien faite,* commente Agnès Roby-Brami. *Il y a énormément de progrès de type technique à faire, et là effectivement je pense que Neuralink peut avoir un rôle d'accélérateur ».*

25. Ainsi qu'il est écrit dans leur étude publiée dans la revue *Nature.*

Même constat du côté d'Éric Burguière, le spécialiste de l'Institut du Cerveau : *« Musk a dû comprendre qu'il y avait dans ce domaine un potentiel à exploiter, de la même façon qu'il l'a senti dans d'autres disciplines, comme le spatial. C'est un bon placement qu'il fait très en avance ».* En effet, le développement des implants cérébraux connaîtra sans doute, dans les dix à vingt ans à venir, des progrès significatifs ; en investissant aujourd'hui massivement et en embauchant les bonnes personnes, Neuralink pourrait s'imposer comme un acteur incontournable. Le risque ? Que la technologie aille plus vite que le questionnement quant à l'usage que l'on peut en faire. Or, cette question oblige la société dans sa globalité. *« Je pense que cette idéologie transhumaniste est très néfaste »*, souffle Agnès Roby-Brami.

Transhumanisme. Le mot est lâché. Cette idée d'employer la technologie pour transformer l'être humain, aussi bien dans son physique que dans sa finalité, est omniprésente en ce début de XXIe siècle. Elle est portée par les grands noms de la tech contemporaine, à l'instar de Larry Page, le cofondateur de Google, qui a contribué à la création en 2013 de l'entreprise Calico visant à lutter contre le vieillissement et les maladies drainées par le grand âge — ou encore l'inévitable Jeff Bezos, l'un des investisseurs d'Altos Labs qui, porté sur les fonts baptismaux en 2022, poursuit les mêmes objectifs. Grassement financé, cet institut de recherche privé a recruté d'éminents scientifiques, comme la lauréate du prix Nobel 2020 (conjointement avec Emmanuelle Charpentier) Jennifer Doudna, récompensée pour ses travaux sur CRISPR-Cas9, le « ciseau moléculaire » pour éditer le génome.

Le crédo du transhumanisme, c'est de doter l'individu de nouvelles capacités et de transformer l'espèce humaine. Cette croyance porte le projet d'un humain augmenté… mais pas réparé. *« À part tuer la mort, le transhumaniste n'a pas une vision thérapeutique au sens médical du terme. Il vise éventuellement l'immortalité mais guérir des maladies ou faire marcher des paraplégiques cela ne l'intéresse pas vraiment »*, commente le professeur Menei. En revanche, l'homme réparé c'est bien la problématique de la médecine de tous les jours : on ne s'en rend plus compte maintenant, mais le nombre de personnes qui se baladent avec deux prothèses de hanches, une prothèse d'épaule ou un pacemaker est considérable… On devient tous cyborgs à partir d'un certain âge !

Mais où établir la frontière ? Les tenants d'une vision transhumaniste de modification de l'être humain par toutes ces technologies, y compris les neurosciences, passent souvent par cette zone interstitielle entre l'homme augmenté et l'homme réparé. *« Cette frontière poreuse, c'est elle qui est de tous les dangers,* reprend Philippe Menei. *On le voit très bien avec la vidéo de l'été 2020 où Musk expose ses trois cochons. Au début, son propos est centré sur la médecine : il va tout guérir, sériant toutes les maladies possibles et imaginables. Après, les perspectives tiennent du délire : on pourra télécharger sa mémoire sur des serveurs, l'implant cérébral servira à jouer aux jeux vidéo, etc. Mais quel est l'intérêt de jouer aux jeux vidéo directement avec sa tête ? »*

Elon Musk prétend aussi qu'en intervenant sur les ondes du cerveau on pourra améliorer les capacités cognitives de l'individu. Comme par exemple apprendre des langues à un rythme « *fast and furious* ». Mais là encore le projet est ancien. Dès les années 1970, la DARPA, l'agence de recherche de l'armée des États-Unis, travaillait déjà sur des implants cérébraux dans l'espoir de créer des super-soldats, des individus à la vigilance exacerbée qui n'auraient plus besoin de dormir pour demeurer en alerte dans l'environnement dans lequel ils se trouvent. Pourtant cette approche a fait chou blanc. *« Il n'y a rien de très sérieux qui soit sorti de tout cela »*, atteste Philippe Menei. Cette approche porte en elle-même une contradiction : le cerveau est un système multimodal. Si l'on peut intervenir sur certains modules un à un — par exemple le cortex moteur — il n'est pour autant pas possible d'agir sur l'entièreté de cet organe. En forçant le trait, on pourrait tout simplement dire que l'implant qui rend plus beau et plus intelligent, ça n'existe pas.

Et d'ailleurs, est-ce vraiment éthique ? *« Je trouve qu'il est problématique d'implanter des électrodes dans un cerveau normal,* estime Agnès Roby-Brami. *C'est une chose de poser des électrodes dans le cadre de traitements pour l'épilepsie ou lorsqu'il y a une indication clinique forte. C'en est une autre d'implanter un système chez quelqu'un qui a un cerveau sain »*. C'est pourtant bien le projet de Musk, qui évoque des implants que l'on qualifierait presque de récréatifs.

Cette idée pose aussi des questions en termes de libertés individuelles. Présidente et fondatrice de la Société française de

Zoosémiotique, consacrée notamment à l'étude des zoolangages et des intelligences animales, Astrid Guillaume est évidemment interpellée par les expérimentations faites par Neuralink sur des singes et des cochons — nous allons y revenir. Elle pointe aussi une question fondamentale : le risque pour les usagers humains de ces implants d'une surveillance généralisée. *« Les innovations technologiques actuelles font que chacun d'entre nous est déjà très contrôlé,* commente cette chercheuse à Sorbonne Université. *On sort de chez nous et notre téléphone permet de nous dire où l'on va, notre carte bancaire piste nos achats, on entre sur l'autoroute et l'on sait immédiatement où l'on est et à quelle heure. Finalement, la seule dimension de liberté qui reste à chacun, c'est son cerveau et ses pensées. C'est le dernier bastion. Et nous voilà face à un projet qui permettrait une intrusion au-delà de laquelle il n'y a plus de limite ! ».* Ce risque de piratage du cerveau est cauchemardesque. Il n'en demeure pas moins qu'entre lire la pensée et recueillir des signaux cérébraux, il y a un vrai gouffre. *« Cette promesse de lire dans l'esprit des gens, c'est le côté transhumaniste de l'entreprise : elle repose sur des bases un peu imaginaires »,* reprend Agnès Roby-Brami.

D'autres questions, plus terre-à-terre mais pas moins déterminantes s'imposent d'ores et déjà. Comment gérer le vieillissement des implants par exemple ? Le problème s'est d'ailleurs déjà posé il y a une vingtaine d'années au sujet d'un système de stimulation musculaire profond nommé *Freehand System*, qui était alors destiné à restaurer certaines fonctions de la main pour des patients handicapés. Après quelques années d'activité, l'entreprise de fabrication du matériel a finalement fait faillite, laissant ainsi, du jour au lendemain, les propriétaires du système de stimulation sans mise à jour. Sans grande surprise, l'appareil s'est mis à se dégrader et a, évidemment, rencontré des pannes au bout d'un certain moment.

Des problématiques semblables se sont produites plus récemment. En février 2022, IEEE Spectrum consacrait un papier édifiant à l'incroyable situation de personnes dotées d'implants rétiniens fabriqués par Second Sight Medical Products[26]. L'idée de l'entreprise

26. L'article de IEEE Spectrum est accessible en ligne : https://spectrum.ieee.org/bionic-eye-obsolete.

était d'utiliser une caméra miniature logée dans des lunettes spéciales portées par les patients ; les informations filmées étaient alors traitées et transmises aux implants placés dans l'œil sous la forme d'influx électriques. Ce dispositif a ainsi permis à ses usagers de recouvrir au moins partiellement la vue. Cependant la société, qui a failli disparaître en 2020, a finalement décidé d'abandonner la technologie de ces yeux bioniques qui équipaient alors environ 350 personnes. Le système qui avait changé leur vie a brusquement été ramené au rang « d'un gadget obsolète », ainsi que l'écrit le magazine. De fait, les personnes équipées se sont soudainement retrouvées avec un matériel périmé dans les yeux, dont on ne sait d'ailleurs pas vraiment comment il va vieillir. Et puis, imaginez le drame de ces personnes ayant récupéré une partie de leur vision qui se sont retrouvées de nouveau dans le noir…

La souffrance animale

La nouvelle entreprise d'Elon Musk est au cœur de nombreuses problématiques d'ordre éthique. Mais l'année 2022 voit Neuralink aux prises avec une polémique dont les déflagrations n'ont pas fini de se faire entendre. Et pour cause, la société est poursuivie en justice aux États-Unis pour maltraitance animale. La plainte a été déposée par une association de médecins du nom de PCRM, l'acronyme de Physicians Committee for Responsible Medicine (comité des médecins pour une médecine responsable). Cette dernière vise également l'Université de Californie à Davis (États-Unis), pourvue d'un centre de recherche et d'expérimentation sur primates à la réputation internationale et où se sont déroulées les expérimentations de Neuralink.

Cette collaboration aurait dû être un gage de rigueur et d'un traitement éthique des animaux. Pourtant, selon Jeremy Beckham, le représentant du PCRM interrogé en février 2022 par le journaliste Nicolas Gutierrez C.[27] pour *Sciences et Avenir*[28], *« les singes ayant reçu un implant vivaient dans un état misérable »*, les animaux auraient souffert de *« saignements et d'infections à répétition »* ou de *« crises convulsives*

27. Docteur en biologie cellulaire et ancien chercheur devenu journaliste scientifique, Nicolas Gutierrez C. est l'auteur de l'enquête sur le transhumanisme *Homo Machinus*, publiée par les éditions Vuibert.
28. Voir l'article en ligne : https://bit.ly/3KLclT5

après les implantations ». Nous sommes donc en réalité bien loin de l'ambiance éthérée de la vidéo de Pager abreuvé d'un « délicieux smoothie à la banane » !

Ainsi que l'explique Nicolas Gutierrez C., l'affaire a pu éclater grâce au fait que Neuralink s'est associée à l'université californienne qui est un établissement public. Effectivement, contrairement à Neuralink qui, en tant qu'entreprise privée peut faire ce qu'elle veut, l'université de Davis avait, elle, l'obligation de communiquer les rapports détaillés des expérimentations et de leurs protocoles. Le PCRM a ainsi mis au jour différents manquements, notamment l'usage de certains produits néfastes pour les primates comme l'utilisation d'une colle médicale qui n'était pas prévue dans les protocoles validés par l'université : la BioGlue. Approuvée par l'agence des médicaments des États-Unis (la FDA), cette colle chirurgicale — qui permet de suturer les vaisseaux sanguins — ne doit aucunement être utilisée au niveau de l'encéphale : elle « *coule dans le cerveau et l'endommage, entraînant la mort de l'animal* » explique Jeremy Beckham dans l'article de *Sciences et Avenir.*

Suite à ces attaques, Neuralink a alors répondu sur son site web[29], niant les accusations de maltraitance, mais confirmant toutefois l'euthanasie de six singes : l'un en raison, effectivement, d'une mauvaise réaction à BioGlue, l'un parce que son implant était défectueux et les quatre autres suite à des infections. En préambule de la longue note de blog où elle déploie leur réponse, la société de Musk met en exergue le fait que cette plainte émane de gens « *opposés à tout usage d'animaux dans la recherche* » et qu'actuellement « *tout nouveau dispositif ou traitement médical doit être expérimenté chez les animaux avant de faire l'objet de tests éthiques chez les humains* ». Cela étant vrai pour Neuralink comme pour tout autre entreprise médicale d'ailleurs.

La façon de replacer le débat sur le terrain de la souffrance animale dans sa globalité est plutôt adroite. Le sujet est extrêmement pluriel et multifacette, ainsi que le décrit la sémioticienne à Sorbonne Université Astrid Guillaume : « *Si on prend les expériences de Neuralink sous cet*

---

29. La note de blog de Neuralink : https://neuralink.com/blog/animal-welfare/

angle-là, c'est sans ambiguïté : ce que subissent les singes est insupportable car extrêmement douloureux : il y a une souffrance qui est non négociable. Mais si on s'arrête à cette question-là, nous serions aujourd'hui dépourvus de traitements pour le diabète, il n'y aurait pas eu de recherches sur le cancer, ni aucun médicament pour les humains ». Par ailleurs, Astrid Guillaume note également que « *tous les essais faits sur les animaux par le passé leur permettent aussi d'en bénéficier eux-mêmes aujourd'hui. Ainsi, chiens, chats, bovins, ovins et animaux sauvages ont désormais accès, eux aussi, aux avancées scientifiques faites sur les médicaments, ce qui a augmenté leur durée de vie à nos côtés. L'approche d'une santé globale — on parle désormais de* One Health — *profite aux êtres humains comme aux animaux.* »

Résultat : à une question comme celle de l'expérimentation animale, « *impossible de répondre basiquement pour ou contre,* reprend Astrid Guillaume, *mais, concernant Musk, il faut poser la question de l'enjeu de ces expérimentations. Quelles sont les perspectives ? Y aura-t-il une dimension sociétale positive à ces travaux ? Un apport de santé très important ? Ou est-ce une technologie qui peut etre recupérée par un État dictatorial ou militaire qui pourrait s'en servir pour concevoir des esclaves dont on pourrait diriger les pensées ? Dis comme cela, on se croirait en pleine science-fiction. Mais cela peut aller très vite !* »

La souffrance animale provoquée par ce type d'expérience est effrayante et dramatique. Mais, dans le même temps, la perspective de voir un jour les personnes handicapées moteurs capables de remarcher grâce à un implant comme celui de Neuralink est enthousiasmante. Toutefois, ce n'est pas le seul objectif de Musk, qui veut *in fine* lire dans le cerveau de tout un chacun comme dans un livre ouvert. « *Tout dépend donc où est mis le curseur,* reprend la scientifique. *Si on se cantonne à l'humain et à son amélioration qui se fait au prix des animaux, je dirais que c'est une approche biblique, très monothéiste : tous les animaux sont à votre disposition, vous en disposez comme vous voulez. Cette approche est à mon sens archaïque. Mais s'il faut vraiment évoluer dans cette direction, il est essentiel de le faire dans le plus grand respect des animaux en réduisant au maximum les essais et les souffrances* via *la règle des 3 R : "Remplacer, Réduire, Raffiner"* ».

« 3 R »

Remplacer : c'est reproduire le fonctionnement d'organes avec le numérique — on parle de recherche *in silico* — ou sur des échantillons de tissus ou de cellules dans des modèles *in vitro*.

Réduire : consiste par exemple à diminuer le nombre d'animaux sur lesquels les tests sont faits, en ayant en parallèle des accords internationaux pour partager les résultats et homogénéiser les législations internationales.

Raffiner : demande à ce que l'on réfléchisse à de nouveaux modèles expérimentaux, autres que sur les animaux, ou avec des protocoles moins invasifs et des personnels mieux formés, sensibles à la problématique de la souffrance des bêtes.

La démarche s'incarne dans des directives européennes ou des articles du code rural. Cette introduction dans les règlementations limite l'utilisation scientifique et expérimentale des animaux. Ainsi, on ne reproduit pas certains tests pour les cosmétiques... et on ne dissèque plus des grenouilles en classe de biologie !

Cela est bien intégré par le milieu médical depuis une soixantaine d'années, notamment suite à la parution du livre des scientifiques William Russel et Rex Burch, *Les Principes d'une technique expérimentale conforme à l'éthique*, qui pose les bases de cette règle des 3 R. Mais on peut faire remonter plus loin encore l'idée selon laquelle il faut prendre en considération la souffrance animale générée par les expérimentations : les scientifiques y travaillent depuis le XIXe siècle. Depuis qu'on a envoyé bouler Descartes, son disciple Malebranche et « l'animal machine » en fait ! Le philosophe français du XVIIe siècle considérait que les animaux étaient au service de l'être humain et qu'ils n'étaient qu'une sorte de boîte à outils sur pattes desquels on pouvait faire ce que l'on voulait. *« Des fermes, devenues fermes-usines au XXe siècle jusqu'aux abattoirs, cela a longtemps arrangé tout le monde de nier la sentience, la conscience, la sensibilité, les intelligences des animaux »* déplore Astrid Guillaume.

La tonalité n'est plus la même et le martyr des bêtes est désormais une question prioritaire pour l'opinion publique. S'il n'y avait pas eu la guerre en Ukraine qui a, à juste titre, focalisée l'intérêt médiatique international, l'affaire des singes maltraités révélée par la plainte du PCRM aurait sans doute fait un ramdam considérable. Et une sacrée balafre dans la bonne com' d'Elon Musk.

Cette science de la médiatisation, on la voit néanmoins en œuvre dans les « éléments de langage » mis en avant dans les objectifs de Neuralink. D'abord, guérir les maladies neurologiques. Mais à la fin de la vidéo des cochons, Elon cède à son péché d'orgueil — la parlote — et sa perspective transhumaniste. À l'instar d'autres membres de son équipe, il explique que l'implant cérébral ouvrait la voie à la « télépathie » ou à la super-vision — *« comme celle de Terminator »* précise l'un des chercheurs de la société privée — où l'on pourrait voir les infrarouges ou les ultraviolets ! Si aider les personnes handicapées ou les personnes malades est susceptible de faire passer la pilule de l'expérimentation animale, le fantasme de se transformer en Iron Man ne le permettra pas aussi facilement…

Cette perspective se concrétisera-t-elle ? En décembre 2021 — avant le scandale des singes euthanasiés — Elon Musk promettait que les essais chez l'être humain pourraient avoir lieu dès 2022 et que les personnes équipées seraient tétraplégiques ou paraplégiques, Neuralink étant en attente du feu vert de la FDA. En revanche, on peut parier que l'accord pour un test sur une personne valide et candidate à « l'augmentation » n'est pas pour demain. *« Que ce soit en Europe ou aux États-Unis, le cadre législatif ne permet tout simplement pas d'intervenir sur un cerveau sain »*, commente Éric Burguière, le spécialiste de l'Institut du Cerveau. Le milliardaire oserait-il s'aventurer dans des pays comme la Chine où les lois sont moins regardantes ? Peu probable. Alors, il lui faudra faire œuvre d'un vigoureux *lobbying* pour faire évoluer les règles juridiques lui permettant de faire émerger son homme augmenté aux États-Unis. Finalement, le plus simple serait qu'il soit lui-même à la Maison-Blanche. Elon président, un programme utopique… ou dystopique ?

LE « TRANSANIMALISME »

C'est une greffe de cœur très particulière qui a été annoncée le 10 janvier 2022 par l'Université du Maryland, aux États-Unis. L'organe placé dans la poitrine de l'homme de 57 ans provenait… d'un porc. Un animal génétiquement modifié, dans le but que son cœur soit compatible avec l'organisme d'un humain. Cette xénogreffe s'est malheureusement soldée par un échec ; le patient — David Bennett — étant décédé quelques semaines après l'opération. Elle porte néanmoins des perspectives formidables en termes de vies sauvées. Mais elle interroge : va-t-on élever des animaux pour nous fournir des pièces de rechange ? *« Face à une question comme celle-là, des comités d'éthiques internationaux sont nécessaires »*, estime Astrid Guillaume. Des animaux qui, à l'instar de ce porc « OGM », sont manipulés par la science pour devenir des animaux hybrides ou augmentés. Bref, c'est la question du « transanimalisme » qui se pose désormais.

ÉPISODE IV

BITCOIN ET CRYPTOMONNAIES

DU CYBERPUNK AU « CYPHERPUNK »

Ceci est un euphémisme ! Elon Musk aime Twitter. Il l'aime tellement qu'il s'est offert le réseau social à l'oiseau bleu pour 44 milliards de dollars[1]. L'opération a été officialisée fin avril 2022. Elle apparaît presque logique, tant Musk est depuis des années un utilisateur compulsif de Twitter. Il emploie le réseau social pour parler… d'à peu près tout et poste à tire-larigot des mèmes, des gifs ou des photos plus ou moins loufoques (comme celle d'un crocodile avec, dans sa gueule, une fameuse chaussure en plastique, assortie du commentaire : *Regardez comment instinctivement, la maman Croc transporte son bébé dans sa bouche. La nature est belle*[2], post qui a récolté plus de 360 000 likes pour cette vanne potache !). C'est aussi sur Twitter qu'il a révélé le nom du fils qu'il a eu avec la chanteuse Grimes : X Æ A-12, plus tard renommé X Æ A-Xii[3], pour satisfaire la loi californienne qui n'autorise pas l'usage des chiffres à l'état civil.

1. L'affaire a commencé quand Musk s'est offert 9,2% de son réseau social préféré, apprenait-on le 4 avril 2022, en faisant l'acquisition de 73,5 millions d'actions Twitter. Moins d'un mois plus tard, il avalait tout l'oiseau bleu.
2. Musk a plus de 86 millions de followers sur Twitter. Si par ailleurs vous voulez voir la photo du croco, elle est là : https://bit.ly/3kMKQhv
3. Puisque XII correspond à 12 en chiffres romains. S'il faut chercher une explication à ce prénom démontrant que Musk ne s'interdit rien pour faire le buzz, on peut se reporter à un tweet de Grimes disponible ici : https://bit.ly/3vLIg1k

Mais l'un de ses sujets fétiches, c'est bien la cryptomonnaie. Au gré de ses tweets, l'entrepreneur joue les gourous des monnaies virtuelles, dont la plus célèbre est évidemment le bitcoin[4]. Avec cette valeur 100 % numérique, pas de sous à faire tintinnabuler dans ses poches, nul billet ou pièce contrairement à ceux qui caractérisent la monnaie fiduciaire. Pas de banque centrale non plus, alors que c'est ce genre d'institution qui gère traditionnellement l'émission monétaire. C'est pourquoi on parle d'une monnaie décentralisée. Si la première transaction en bitcoin — un transfert de 10 bitcoins entre le créateur du réseau et l'un de ses pairs — date de janvier 2009, ses racines sont bien plus profondes : on peut les faire remonter des décennies en arrière. *« À l'avènement de l'informatique, essentiellement en Californie, autour d'universités comme Berkeley et Stanford, avec le mouvement cypherpunk »*, explique Alexis Collomb, directeur du département économie finance assurance banque (Efab) au Cnam (Conservatoire national des arts et métiers).

Cypherpunk ? Un mot construit à partir de l'anglais *cipher* (« chiffrement ») et *cyberpunk*, thème de science-fiction qui a été magnifié par le livre *Neuromancien* de l'Américain William Gibson sorti en 1984. La première phrase de ce livre est souvent citée — impossible donc de s'en priver ici — car elle porte en elle son programme : *« Le ciel au-dessus du port avait la couleur d'une télévision allumée sur une chaîne défunte »*. Le cyberpunk dévoile la collision entre la technologie et le monde réel. Une intrusion qui n'a pas échappé aux chercheurs californiens de Berkeley et de Stanford. Passionnés d'informatique et de cryptographie, ce sont eux les « cypherpunks ». Dans les années 1970 et 1980, alors qu'Elon est au temps du bac à sable, ils découvrent la puissance des micro-ordinateurs et comprennent que « l'informatisation » du monde pose

---

4. Dans le système financier traditionnel, l'unité de compte, c'est-à-dire la monnaie, va être dissociée du système technique. L'Euro peut circuler sur Visa, Mastercard, America express, PayPal, etc. Autrement dit, le système technique n'est pas le même que l'unité de compte. Dans la plus célèbre des cryptomonnaies, les deux sont intégrés. Le bitcoin, avec un petit « b », désigne l'unité de compte qui circule uniquement sur Bitcoin, avec un grand « B », le système de paiement.

et posera chaque année davantage des monceaux de problèmes de confidentialité. Dans le domaine financier, la fluidité des échanges et des transactions numériques entre acheteurs séduit, mais elle est aussi un moyen potentiel pour les banques, les institutions et les États de mettre la main sur un ensemble de données privées appartenant aux consommateurs. Une fatalité ?

Afin de traiter ce problème de confidentialité (qui demeure on ne peut plus d'actualité !), différents systèmes de « cashs » informatiques, distribués entre citoyens et non centralisés par un tiers de confiance — le rôle traditionnellement dévolu à une banque — ont été expérimentés à partir du début des années 1980. C'est d'ailleurs à cette époque qu'est inventée la monnaie électronique par le mathématicien et cryptographe américain David Chaum. Néanmoins, *« ces systèmes monétaires électroniques ont rapidement montré qu'il y avait un problème : comment établir un consensus accepté par les différentes parties d'une transaction ? »*, reprend Alexis Collomb. Imaginez deux personnes impliquées. La première dit au réseau : *« J'ai envoyé des fonds »* ; la seconde répond : *« Je n'ai rien reçu »*. Si un tel échange avait lieu dans un contexte bancaire traditionnel, c'est vers la banque que les deux protagonistes se retourneraient pour un recours. Mais dans un système décentralisé, qui va trancher ? Comment résoudre le conflit ?

La solution arrive avec l'avènement du bitcoin. La monnaie virtuelle surgit la même année que la crise financière mondiale, laquelle a sans doute agit comme un catalyseur pour l'émergence de ce système qui se méfie comme d'une guigne du réseau bancaire. À la fin de cette année 2008, un PDF d'une dizaine de pages est publié en ligne à l'attention des cryptographes. C'est l'acte de naissance du bitcoin, signé d'un certain Satoshi Nakamoto. Inutile de « googler » son nom pour découvrir la bobine du bonhomme : on ne sait rien de lui, pas même d'ailleurs s'il s'agit d'un seul individu ou d'un collectif. Quant au document lui-même, c'est une *« innovation recombinante »*, selon la formule d'Alexis Collomb. Nakamoto n'a pas trouvé un théorème en maths extraordinaire, mais *« il met en place des choses, les assemble pour aboutir à quelque chose qui est intellectuellement très beau »*, reprend l'enseignant-chercheur du Cnam.

De fait, en posant les bases de cette cryptomonnaie qu'est le bitcoin, l'informaticien-mystère propose une solution qui résout le problème sur lequel ses prédécesseurs se sont cassés les dents auparavant. Cette fameuse question du consensus. Comment mettre d'accord entre eux les ordinateurs impliqués dans les transactions de ce système monétaire numérique sans nécessiter l'intervention d'un tiers de confiance ? Avec le « minage », propose Nakamoto. Ce processus, qui se traduit concrètement par la résolution informatique de calculs complexes, *« a pour but de sécuriser le réseau par l'établissement d'un consensus sur un historique de transaction. C'est* via *le processus de minage que sont validées les nouvelles transactions et que sont sécurisées les transactions passées »*, commente Alexandre Stachtchenko, directeur Blockchain & Cryptos à KPMG France, un cabinet d'audit et de conseil.

Le minage est effectué par certains utilisateurs du réseau, des personnes physiques ou plus souvent, des entreprises, qui mettent à son service la puissance de calcul de leurs ordinateurs. On les appelle les mineurs. Et si les mineurs minent, c'est aussi parce que cela leur permet de se rémunérer en créant de nouveaux bitcoins qui leur sont attribués. Quant à l'historique des transactions, il est enregistré en cascade dans un autre élément caractéristique du Bitcoin, une immense base de données appelée la « blockchain », ou « chaîne de blocs », qui répertorie toutes les transactions de la cryptomonnaie. Un « historique » qu'ont en commun tous les ordinateurs participant aux échanges. Ce point est primordial : la « blockchain » n'est pas stockée sur un seul serveur mais bien partagée entre tous les ordinateurs impliqués. La moindre modification sur l'une des copies de ce très gros fichier doit être validée et répercutée sur l'ensemble des autres enregistrements. On en revient à ce processus de sécurisation et d'établissement d'un consensus sans lequel le Bitcoin ne fonctionnerait pas. Il est important de repréciser que c'est bien l'objectif du minage, qui est en revanche indépendant du nombre de transactions sur le réseau. Pour le formuler autrement, *« l'énergie consommée par le réseau Bitcoin est indépendante du nombre de transactions : un bloc vide peut consommer la même énergie qu'un bloc plein »*, précise Alexandre Stachtchenko.

MUSK ET LE BITCOIN

TU VEUX OU TU VEUX PAS ?

Aujourd'hui, il devient difficile de parler d'un marché de niche à propos des cryptomonnaies. Une étude publiée début 2022 par KPMG chiffre qu'en novembre 2021 le nombre d'utilisateurs des monnaies virtuelles dans le monde était estimé à 292 millions de personnes, soit une croissance de 275 % par rapport au début de la même année ! Pourtant, le sujet continue d'avoir une image sulfureuse. Il s'écrit que la circulation des cryptomonnaies serait dénuée de règles. C'est inexact. D'ailleurs, les places numériques comme CoinBase, Kraken ou Binance, se sont installées dans le paysage où elles sont devenues des références[5] ; elles permettent aux personnes voulant vendre leur crypto d'en trouver d'autres qui veulent en acheter. Et ces personnes tombent bel et bien sous la coupe du régulateur. Un exemple : en 2021, CoinBase a dû renoncer à l'offre de prêt qu'elle voulait proposer à ses usagers sous la pression de l'organisme fédéral américain de réglementation et de contrôle des marchés financiers, la SEC (Securities and Exchange Commission).

Tout n'est néanmoins pas encore réglé au cordeau dans le monde de la crypto. Il est par exemple possible de ne pas avoir recours à ces fameuses plateformes centralisées d'échange. Dans ce cas, les utilisateurs de monnaies virtuelles négocient de pair-à-pair,

5. La plateforme d'échange américaine Coinbase a réalisé en 2021 la plus grosse introduction en bourse depuis Facebook.

directement entre eux. Cette finance décentralisée relève toutefois davantage du Far West… Mais un monde sans règles, c'est aussi un monde en construction ; et il ne pouvait qu'intéresser Elon. La crypto fait par ailleurs « tendance » et s'insère bien dans le storytelling de la modernité cher au milliardaire. Quand on s'appelle Musk et qu'on prétend labourer en permanence les champs de l'innovation, impossible de ne pas regarder le sujet de la monnaie virtuelle.

Néanmoins, et à voir la manière dont il traite la question sur Twitter, la crypto lui sert surtout à s'amuser. Jouer à faire, à la manière d'un gourou, la pluie et le beau temps. Un jour il dit « super cette crypto » et boum, ça flambe ; le lendemain « pas top celle-là » et elle descend. Jadis, cette propension à l'ouvrir en permanence sur des questions financières lui a d'ailleurs valu de se faire taper sur les doigts dans différents épisodes impliquant Tesla. Le plus célèbre : quand la susmentionnée SEC lui a volé dans les plumes après son tweet du 7 août 2018 dans lequel il disait penser retirer Tesla de la Bourse. Le gendarme de Wall Street l'avait alors accusé de tromper les investisseurs. À l'issue de cet épisode assez chaud pour Musk, il avait dû payer une amende de 20 millions de dollars et démissionner du poste de président du conseil d'administration de Tesla, tout en demeurant son « CEO », le directeur général.

À terme, ce type de comportement sur le sujet des cryptos pourrait aussi lui être reproché : plus les marchés des monnaies virtuelles vont mûrir, plus la réglementation devrait se stabiliser. Mais pour l'instant, ça passe. Au prix d'une certaine incohérence dans les annonces. Comme quand Musk claironne que les clients de Tesla pourront désormais payer leur voiture en bitcoin… pour faire finalement volte-face quelques semaines plus tard et déclarer qu'en fin de compte, les cryptos deviennent proscrites pour des considérations environnementales.

Un pas en avant, deux pas en arrière ! Les tergiversations de Musk démarrent en février 2021 lorsque Tesla annonce alors avoir investi 1,5 milliard de dollars — l'équivalent de 1,25 milliard d'euros — dans le bitcoin[6]. Elon promet dans la foulée que la crypto sera bientôt acceptée pour payer ses voitures électriques. Le cours du bitcoin prend alors 10 % pour atteindre 44 000 dollars par unité, comme le relève à l'époque le *New York Times*[7]. L'annonce est remarquée par les analystes financiers qui considèrent qu'elle pourrait faire sauter un verrou psychologique et ainsi inciter d'autres entreprises à adopter les cryptomonnaies dans le sillage de Tesla. Une sorte d'étape sur la voie de la normalisation pendant que les banques centrales regardent encore les cryptos en chien de faïence — pour la présidente de la Banque centrale européenne (BCE), Christine Lagarde, le bitcoin n'est pas une monnaie mais « *un actif spéculatif*[8] ».

En mars 2021, Musk confirme sur Twitter que « *vous pouvez maintenant acheter une Tesla avec des bitcoins* ». Mais quelques semaines plus tard, badaboum, c'est la douche froide. Le fabricant d'autos électriques rétropédale et n'accepte plus le bitcoin comme moyen de paiement. « *Tesla a suspendu les achats de voitures avec des bitcoins. Nous sommes inquiets du recours de plus en plus important aux combustibles riches en carbone pour miner des bitcoins, surtout le charbon, qui a les pires émissions de tous les combustibles* », tweete Elon Musk le 13 mai 2021. Cité par l'AFP, l'analyste financier Daniel Ives de la société d'investissement américaine Wedbush Securities s'étonne de ce revirement : « *La nature du minage de bitcoin n'a pourtant pas changé* » et « *faire marche arrière trois mois plus tard est très surprenant et déroutant à la fois pour Tesla et les investisseurs en cryptomonnaie*[9]. »

Eh oui, à monnaie virtuelle, consommation réelle. On l'a dit, la sécurisation du consensus sur le réseau Bitcoin repose sur de lourds calculs réalisés par de puissants ordinateurs. Ces opérations,

---

6. Toutes les cryptomonnaies ne se valent pas. Si le bitcoin capte toute la lumière, c'est parce qu'elle reste très, très loin devant toutes les autres monnaies virtuelles. Au classement des cryptomonnaies par leur capitalisation de marché, Bitcoin tout seul représente, en mars 2022, 900 milliards de dollars. La deuxième, Ethereum, affiche moins de la moitié à 400 milliards.
7. Lire l'article du *New York Times* du 8 février 2021 : https://nyti.ms/3KNnYJj
8. Voir cet article du *Figaro* : https://bit.ly/3LR8uVT
9. Voir cette dépêche de l'AFP publiée sur le site de *Sciences et Avenir* : https://bit.ly/3LKa23Y

que l'on appelle donc le minage, sont très consommatrices en énergie. Fatalement, le dispositif est donc source de pollution. En avril 2021, la revue scientifique *Nature Communications* a publié une étude réalisée par des scientifiques chinois qui se sont justement penchés sur le minage du bitcoin dans leur pays. Il est important de relever que leurs conclusions, relatives à la situation de la Chine, sont désormais obsolètes, puisque Pékin a interdit un peu plus tard dans l'année le minage sur son territoire. L'étude en question donne néanmoins un ordre de grandeur. Comme les mines informatiques chinoises fonctionnaient avec l'électricité produite en grande partie dans les centrales au charbon du pays, elles généraient du gaz à effet de serre. Les chercheurs estimaient que d'ici 2024, les mines informatiques chinoises auraient produit 130,5 millions de tonnes de gaz carbonique, ce qui correspond à une consommation énergétique *« supérieure à celles additionnées de l'Italie et de l'Arabie saoudite en 2016*[10] *»* écrivent-ils.

10. L'étude de *Nature Communications* est à retrouver ici : https://go.nature.com/3LVD2WM

MUSK AU MCDO POUR UNE CRYPTO

Cette fringale énergétique paraît désormais heurter Musk, ainsi qu'il tente de le justifier dans une déclaration tweetée le 13 mai 2021 : *La cryptomonnaie est une bonne idée à plein de niveaux et nous pensons qu'elle a un avenir prometteur, mais cela ne doit pas compromettre l'environnement.* Il précise ne pas vouloir toucher à sa trésorerie en crypto : *Tesla ne vendra pas de bitcoins et nous l'utiliserons pour des transactions dès que les mines seront alimentées par des énergies plus durables*, a-t-il ajouté. En commentaire de ce tweet, il publie un graphique[11] du Cambridge Bitcoin Electricity Consumption Index (CBECI). Y est représenté la consommation d'électricité estimée de la devise virtuelle : elle monte à partir de 2016 et grimpe en flèche à compter de 2020. « *L'utilisation d'énergie sur les derniers mois est dingue* », commentait Musk.

Comme on l'a dit plus haut, ce ne sont pas les transactions elles-mêmes qui consomment le plus d'énergie dans le réseau du Bitcoin, mais bien les calculs de validation des blocs : l'établissement du fameux consensus, qui permet aussi de rémunérer les mineurs. Le principe veut que tous les ordinateurs du réseau minent en parallèle dans une compétition algorithmique. Celle-ci n'a qu'un seul gagnant, le mineur sorti premier dans l'exercice de certification du nouveau bloc de transaction grâce à la puissance de calcul de sa machine.

11. Le graphique du CBECI dans le tweet de Musk : https://bit.ly/3vM5dBL

Les tenants du dispositif disent que c'est le prix à payer pour avoir un système ouvert, sécurisé et qui fonctionne très bien. Mais dans un contexte de dérèglement climatique, est-ce audible ? *« L'électricité utilisée pour gérer les transactions sur le réseau est devenue progressivement négligeable comparée à celle utilisée pour le concours de calcul. Il a été évalué que le rapport entre les deux est au moins de 1 à 1 000 »* écrit l'informaticien et mathématicien Jean-Paul Delahaye dans son article publié sur le site du CNRS en février 2022[12].

La bonne nouvelle c'est que cette méthode de validation, dite « preuve de travail » (« *proof of work* ») a peut-être des alternatives. Ainsi, la deuxième crypto la plus connue, Ethereum, qui fonctionne encore à l'heure actuelle avec ce même protocole, promet depuis des années de passer à un autre protocole dit « preuve d'enjeu » (« *proof of stake* ») moins gourmand en énergie. L'idée est de basculer d'un système où tous les mineurs minent en parallèle à une autre organisation, où ce validateur serait tiré au sort. Cette bascule, qui se fait attendre, aura valeur de test pour toute l'industrie des cryptos.

La question de la consommation énergétique de Bitcoin pourrait-elle lui être fatale ? Difficile à croire, quand on voit l'ampleur prise par le sujet. Dans l'étude de KPMG évoquée plus haut, il était révélé qu'en novembre 2021 la valeur de marché totale des cryptos en circulation dépassait les 2 500 milliards d'euros *« soit près de quatre fois plus qu'en début d'année 2021, quinze fois plus qu'en janvier 2020. À titre de comparaison, l'actif le plus valorisé du monde, l'or, pèse 10 000 milliards d'euros. »* Novembre 2021 est aussi le mois où le bitcoin a dépassé son record une nouvelle fois atteignant alors les 60 000 euros. Mais l'année 2021 marque également la première adoption du bitcoin en tant que monnaie légale par un pays, en l'occurrence le Salvador.

12. Retrouvez cet article de février 2022 en ligne : https://bit.ly/3FlkQ6j

Les défenseurs de bitcoins expliquent également que la cryptomonnaie pourrait devenir une variable d'ajustement dans la consommation d'électricité produite par les énergies renouvelables (ENR). Car les éoliennes ne tournent que lorsqu'il vente, et les panneaux solaires ne marchent qu'en cas d'ensoleillement satisfaisant. « *Les ENR sont intermittentes,* explique Alexandre Stachtchenko. *Régulièrement, elles produisent de l'énergie qui n'est pas employée et qui est perdue, car son stockage demeure très complexe et coûteux. Pour être plus précis, lorsque l'on installe des capacités de productions d'ENR, il est nécessaire de prévoir une puissance bien supérieure à la demande attendue. Cela crée mécaniquement des situations où des capacités de production sont inexploitées, voire des pertes d'énergie, qui pourraient justement être rentabilisées en alimentant le réseau Bitcoin* ». On s'étonne que Musk, qui fabrique des panneaux solaires avec Tesla, n'ait pas déjà poussé l'idée !

Sa passion du moment est plutôt de faire la pub d'une autre cryptomonnaie, le Dogecoin. Si elle a d'abord été lancée comme un gag, Musk lui a toutefois consacré nombre de tweets qui lui ont ainsi donné une exposition extraordinaire. Le 4 février 2021, il affirme : « *Dogecoin est la crypto du peuple* ». Le 14 janvier 2022, il annonce que Tesla acceptera des Dogecoin pour acheter… non pas ses voitures mais des produits de merchandising. L'annonce fait monter la valeur du Dogecoin de 11 % selon un article de *Fortune*[13]. Le 25 janvier 2022, il renchérit avec un « *Je mangerai un Happy Meal à la télé si McDonald's accepte le Dogecoin* ». Si certains rient de cette blague, d'autres redoutent au contraire la manipulation de marchés. Sur Twitter, une internaute écrivait : « *Le fait qu'il n'y ait pas davantage de gens pour s'offusquer que Elon Musk fasse intentionnellement sombrer les cryptos est stupéfiant. Arrêtez de le vénérer !* », ajoutant à son message l'explicite hashtag « *#Fuckmusk* ». Son idée a essaimé : pour critiquer l'influence de Musk sur le monde de la finance numérique, on a vu apparaître une crypto nommée… FuckElon[14].

---

13. L'article est disponible en ligne : https://tinyurl.com/3sta5a5n
14. Il existe aussi une autre crypto du nom de StopElon.

REMERCIEMENTS

« *C'est exaspérant, cette façon qu'a le monde de s'agiter, cette incapacité qu'il a de rester immobile pendant qu'on le dépeint.* » J'emprunte cette phrase de Christopher Miller, tirée de *L'Univers de carton*, son hilarant livre-hommage à la SF et à Philip K. Dick, car elle colle plutôt bien à mon propre sujet. Pas un jour sans que Musk ne s'agite, et cet état de fait m'avait *a priori* fait douter. Fausse difficulté en réalité, car l'enjeu de ce livre n'est pas de chroniquer l'écume du buzz, mais bien de dépeindre les problématiques scientifiques, techniques et éthiques de ses champs d'investissement. C'est « l'angle » — ainsi qu'on le dit dans le journalisme — et je dois à mon éditrice Élisabeth Fisera et à Antoine Beauchamp, qui l'accompagne dans la programmation de la collection Alisio sciences, de l'avoir clarifié dès nos premiers échanges. Je les en remercie, comme du fait de m'avoir accueilli au sein de cette belle collection. Je suis également grandement redevable à Olivia Germande, ma première (re)lectrice, qui a travaillé ce texte, pointant les trous dans la raquette que nous avons ensuite ravaudés ensemble, au gré de nos échanges, façon ping-pong, pour rester dans la métaphore wimbledonesque (mais joue-t-on au tennis de table à Wimbledon ?). Chez Alisio, mes remerciements vont également à Milena Gallot, coordinatrice éditoriale, ainsi qu'à Caroline Obringer et Corentin Pezin, sans le travail desquels la visibilité de ce livre ne serait pas possible.

Évidemment, il ne pourrait pas y avoir de livre sans toutes celles et tous ceux ayant pris de leur temps pour répondre à mes questions. Je remercie ainsi chaleureusement :

IRÈNE LANGLET, professeure de littérature contemporaine à l'Université Gustave Eiffel ;

FRANCK SELSIS, directeur de recherche au laboratoire d'astrophysique de Bordeaux (CNRS) ;

HERVÉ CLAUSTRE, directeur de recherche CNRS au laboratoire d'océanographie de Villefranche-sur-Mer ;

FABRICE MOTTEZ, directeur de recherche au CNRS à l'Observatoire de Paris ;

JEAN-BAPTISTE MARQUETTE, du Laboratoire d'astrophysique de Bordeaux (LAB), Université de Bordeaux-CNRS ;

ALBAN GUYOMARC'H, coordinateur du « livre blanc » *Objectif Lune* et spécialiste du droit spatial ;

FRANCIS ROCARD, responsable du programme d'exploration du Système solaire au CNES ;

MICHEL VISO, ancien responsable de l'exobiologie au CNES ;

CHRISTOPHE BONNAL, spécialiste des lanceurs au CNES ;

MUSTAPHA MEFTAH, spécialiste des interactions Terre-Soleil au Laboratoire Atmosphères, Observations Spatiales (LATMOS) ;

YANNICK BOUTOT, élu municipal à Villenave d'Ornon, en Gironde ;

FRANÇOIS FORGET, planétologue, directeur de recherche au CNRS et membre de l'Académie des sciences ;

PHILIPPE CLERMONT, président de l'Association Planète Mars ;

RICHARD HEIDMANN, ancien président de l'Association Planète Mars ;

WILLIAM GARNIER, directeur de la communication stratégique du SKAO ;

PAUL WOHRER, spécialiste des questions de sécurité, d'innovation et de hautes technologies spatiales à la fondation pour la recherche stratégique (FRS) ;

MARION BURNICHON et FRANÇOIS VINET, qui ont participé à une mission martienne analogue au Mars Desert Research Station ;

MATHIEU BEYLARD, chargé de médiation culturelle et scientifique au musée de l'Air et de l'Espace ;

SALIM HIMA, responsable de la majeure véhicules électriques et autonomes à l'école d'ingénieurs ESME ;

PHILIPPE CHAIN, cofondateur de Verkor ;

MOHAMED CHERIF RAHAL, directeur du domaine transversal et des activités véhicule autonome et connecté chez VEDECOM ;

LAURENT DURVILLE, chef de projet MOOVE à VEDECOM ;

CLAUDE KIRCHNER, directeur du Comité national pilote d'éthique du numérique ;

CATHERINE TESSIER, chercheuse et référente intégrité scientifique et éthique de la recherche à l'ONERA ;

PHILIPPE MENEI, professeur de neurochirurgie et chef de service au CHU d'Angers ;

ASTRID GUILLAUME, présidente et fondatrice de la Société française de Zoosémiotique et chercheuse à Sorbonne Université ;

AGNÈS ROBY-BRAMI, directrice de recherche émérite Inserm ;

ÉRIC BURGUIÈRE, responsable de l'équipe « neurophysiologie des comportements répétitifs » de l'Institut du Cerveau ;

ALEXIS COLLOMB, directeur du département économie finance assurance banque (Efab) au Cnam ;

ALEXANDRE STACHTCHENKO, directeur Blockchain & Cryptos à KPMG France ;

et SÉBASTIEN GENDRON, cocréateur et PDG de TransPod.

Au croisement de la science et de l'industrie, voire de la politique, la qualité des eaux muskiennes nécessite parfois une certaine discrétion pour qu'on y nage. Aussi, certaines personnes m'ont parlé sous le coup de l'anonymat. Elles ne sont par définition pas dans le livre, mais ma gratitude à leur égard n'est pas cachée.

Merci également à ceux qui m'ont aidé à débroussailler le sujet, notamment CHRISTOPHE PRAZUCK, PIERRE ANTILOGUS, CATHERINE CESARSKY, EMMANUELLE DE COUDENHOVE, MARION VALZY, JULIETTE DUAULT, JEAN-GABRIEL PARLY, FABRICE NICOT, MATHIEU NOWAK, BERNADETTE ARNAUD, RAPHAËL SART, PIERRE OMALY, CHRISTOPHE PEYRAS, DENIS COUTROT, SYLVIE ROUAT et NICOLAS NGO.

J'ai tourné un moment autour de l'idée de ce livre sur Musk. Elle a mitonné, alimentée par les échanges que j'ai eus à son propos avec les camarades journalistes BENOIST SIMMAT, ARNAUD DEVILLARD et NICOLAS GUTIERREZ C. Les discussions avec MAGALIE MADAULE ont aussi été précieuses. Je les en remercie.

Ainsi qu'il est mentionné ailleurs dans le livre, j'ai été aux premières loges pour voir monter le phénomène Musk grâce à mon travail de journaliste et de rédacteur en chef du pôle numérique de *Sciences et Avenir - La Recherche*. Le magazine mensuel a pris résolument le virage du numérique, s'étant doté d'un site web quotidien, animé par les journalistes de la rédaction (site qui a dépassé 18 millions de visites mensuelles au plus fort du premier confinement). Je remercie pour leur confiance la directrice de la rédaction CAROLE CHATELAIN, la directrice du pôle éditorial Dominique Leglu et le directeur de la publication Claude Perdriel, comme l'ensemble de l'équipe de journalistes, que je salue confraternellement.

Sur un registre plus personnel, je remercie mon épouse Élisabeth et mes enfants Louise, Gabrielle et Maximilien, auxquels ce livre est dédié, et à qui j'ai fait manger du Musk à haute dose ! Mes remerciements également à Annie et Richard, pour leur soutien sans faille. Enfin, j'ai une pensée pour mes parents, disparus il y a déjà des années, Anne Marie et Denis. Mon père, architecte, ingénieur, et assez artiste dans le tempérament, avait inventé un compas à coulisse dont il avait déposé le brevet. Le sens de l'innovation muskien ne l'aurait pas laissé indifférent. C'est peut-être faute de pouvoir en parler avec lui que j'ai écrit ce livre.

TABLE DES MATIÈRES

Épisode III
L'interface cerveau-machine

Épisode IV
Bitcoin et cryptomonnaies